PETITE

AGRICULTURE

DES VOSGES

A l'usage des Écoles primaires

PAR

P. MÉLINE

OFFICIER D'ACADÉMIE

« Produire le plus possible,
« le mieux possible, au meil-
« leur marché possible. »
J. MÉLINE.

Nouvelle Édition illustrée

REMIREMONT

HOUILLON, LIBRAIRE-ÉDITEUR

PETITE

AGRICULTURE

DES VOSGES

A l'usage des Écoles primaires

PAR

P. MÉLINE

OFFICIER D'ACADÉMIE

« Produire le plus possible,
« le mieux possible, au meil-
« leur marché possible. »
J. MÉLINE.

_____

Nouvelle Edition illustrée

_____

REMIREMONT
HOUILLON, LIBRAIRE-ÉDITEUR

PETITE AGRICULTURE

DES VOSGES

CHAPITRE Iᵉʳ

1ʳᵉ Leçon. — NOTIONS ÉCONOMIQUES

SOMMAIRE. — Le but et les débouchés. — Capital de roulement et fonds de réserve. — Les associations et les syndicats agricoles. — Les Comices agricoles. — Les assurances.

Le but. — Celui qui se met à la tête d'une exploitation agricole se propose l'un ou l'autre des trois buts suivants : 1° la production du *bétail de boucherie* ou du *bétail de rente* ; 2° la culture des *plantes et graines commerciales* ; 3° et c'est le plus grand nombre des cas, une *production mixte*, qui tient à la fois des deux précédentes, en accordant la prépondérance à l'une ou à l'autre, suivant les débouchés et la nature du sol.

Dans les pays bien arrosés, et près des pâturages, l'élevage des bestiaux est facile et rémunérateur, soit qu'on ait en vue les produits de boucherie, soit qu'on préfère la production de la laine ou la fabrication du beurre et du fromage.

Près d'une ville ou d'un centre industriel, c'est la vente du lait qui présente le plus d'avantages ; on s'attachera donc plus spécialement à toutes les cultures qui favorisent l'abondance de cette production.

Dans les pays de plaines ou de grandes exploitations, on préfère ordinairement la culture du blé, de l'avoine, des racines, des plantes textiles et oléagineuses.

Dans les montagnes où il n'existe guère de grandes fermes, on est obligé de s'accommoder de ce qui se présente, et de faire un peu de tout. D'ailleurs, il faut bien se garder d'être exclusif, car une branche de l'agriculture doit toujours aider les autres.

Il faut de plus examiner attentivement la situation de la ferme pour bien connaître les débouchés et se les assurer.

On doit encore compter avec l'étendue de la terre, faire une étude minutieuse de la nature du sol et du sous-sol, en un mot ne rien laisser au hasard de ce que l'on peut connaître et diriger.

Capital de roulement et fonds de réserve. — Enfin, il ne faut rien commencer sans un certain *capital de roulement*, et un *fonds de réserve*.

On appelle *capital de roulement* l'argent occupé par les achats de toute sorte : c'est la *valeur des instruments et des bestiaux*, pour le locataire ; c'est, en plus, la *valeur de la terre et des bâtiments*, pour le propriétaire.

La ferme doit rapporter, si elle est bien tenue, un bon revenu, soit au locataire, soit au propriétaire qui cultive lui-même. On doit donc éviter d'exagérer les dépenses, et savoir se contenter du nécessaire, en outillage comme en bestiaux ; mais il faut savoir aussi aller jusqu'au nécessaire. Si la terre est trop étendue par rapport au personnel, la besogne est trop lourde ; si l'on est mal outillé, le travail ne peut se faire à temps et les récoltes souffrent ; si les bestiaux sont trop peu nombreux, les engrais manquent, et la terre s'épuise rapidement. Ainsi, un cultivateur doit toujours entreprendre plutôt au-dessous de ses forces qu'au-dessus, pour être certain de ne rien négliger.

Quant au *fonds de réserve*, c'est l'argent que l'on conserve disponible, et que l'on place de manière à pouvoir le retirer à volonté lorsqu'on en a besoin. Rien de commode et de sûr à ce point de vue, comme les *Caisses d'épargne*. Avec le fonds de réserve on achète quand on veut, par conséquent au meilleur compte, et on peut attendre les cours élevés pour la vente. Sans fonds de réserve, il faut, pour payer la location ou rembourser à l'échéance, vendre quand tout le monde vend, c'est-à-dire aux cours les plus bas ; si une bonne occasion d'acheter se présente, on la manque faute de fonds ; on est forcé d'attendre qu'on soit mieux en mesure, et l'on paie plus cher. Ou bien on emprunte, ce qui, dans toutes les situations, est le plus mauvais de tous les expédients.

Les associations et les syndicats agricoles. — Le cultivateur est naturellement soumis aux mêmes lois économiques que le commerçant ou l'industriel ; aussi doit-il chercher, non seulement à augmenter ses recettes, mais encore à diminuer les frais. Ces frais sont de toutes sortes : la main-d'œuvre, dont le prix ne cesse d'augmenter, les relations d'achats et de ventes avec les marchands au détail, les relations avec les banquiers, sans compter les pertes provoquées par la négligence ou par l'ignorance. On peut certainement s'arranger de manière à réduire beaucoup les frais de ce genre.

D'abord, dans les petites exploitations, il est difficile de se procurer les machines un peu coûteuses ; mais plusieurs petites exploitations voisines l'une de l'autre en valent une grande, et peuvent mettre beaucoup de leur travail en commun. Suivant l'importance de chaque *associé*, on se cotise pour avoir ensemble *tarare*, *machine à battre*, *moissonneuse*, etc., on s'entend à l'avance pour s'en servir suivant la plus grande commodité de tous ; et avec un peu d'esprit de *conciliation* de part et d'autre, on s'accorde à merveille. On peut s'entendre de la même manière pour les labours et pour les récoltes. Ces sortes *d'associations* existent déjà dans nombre de localités, et l'on s'en trouve bien.

Mais, depuis 1884, des libertés et des droits qui n'existaient pas jusqu'alors, ont été déterminés par la *loi sur les syndicats*, qui autorise et reconnaît des associations plus étendues et plus avantageuses encore.

Les cultivateurs, comme les autres artisans, les commerçants et les industriels, peuvent s'associer en *syndicats agricoles*, soit avec le concours des *Comices agricoles*, qui existent depuis longtemps déjà, soit d'une manière indépendante.

Lorsqu'on veut acheter des semences, des engrais chimiques, des tourteaux, on a coutume de s'adresser au marchand de détail, qui a eu affaire lui-même à un autre commerçant. Chacun, naturellement, prélève son bénéfice, ce qui est légitime ; mais en somme, qui le fournit, ce bénéfice ? C'est le dernier acheteur. Or, la *Chambre syndicale* qui est nommée par tous les membres du *syndicat*, suivant les *statuts*, se charge d'acheter en gros chez le fabricant ou le producteur même, pour céder les marchandises aux associés sans bénéfice ; ou bien elle ne sert que d'intermédiaire entre le producteur et l'acheteur, tout en se portant garant du paiement, ce qui assure le *crédit* au cultivateur. Bien mieux, elle n'accepte que des marchandises *garanties sur facture*, en fait faire l'*analyse* ou le *contrôle* s'il y a lieu, pour éviter les fraudes, et a pleins pouvoirs pour poursuivre les *falsificateurs*. Elle se charge aussi quelquefois de la vente des produits agricoles des syndiqués, en un mot accomplit toutes les transactions prévues par le *règlement*, et s'occupe même de la *solution des questions litigieuses pendantes entre associés*.

Moyennant une minime *cotisation* annuelle, qui s'abaisse quelquefois jusqu'à 2 fr., souvent aussi moyennant un taux faible prélevé sur le montant de chaque *transaction*, les frais peuvent être couverts. Le syndiqué trouve à cette association, de grands avantages : il paie bien moins cher, il garde pour lui les bénéfices des intermédiaires qu'il subissait auparavant, et il est certain d'avoir des marchandises de bonne qualité, exemptes de fraude.

Les Comices agricoles. — Tout le monde connaît les *Comices agricoles* : il n'est guère de cultivateur qui n'ait tenu à présenter aux *concours* un spécimen de belle récolte, ou une bête bien conformée, ou des fromages, etc.

Les Comices agricoles font en effet leur spécialité de ces concours, destinés à stimuler les efforts de tous les ouvriers des champs. Les *expositions* et les *champs d'expérience* qu'ils organisent font connaître les bons produits avec les moyens de les obtenir, les races de bestiaux du rendement le plus élevé, et les plus propres au climat du pays, les grains de production supérieure, avec les engrais appropriés. Les *jurys voyageurs* parcourent les cantons l'un après l'autre, recherchant les belles exploitations, les améliorations fécondes, et récompensent un ensemble de belles cultures, une bonne tenue de ferme, des défrichements, et même les longs services des fermiers et des domestiques.

Les Comices agricoles s'occupent aussi des spécialités et des industries qui ont rapport aux travaux champêtres : le jardinage, l'arboriculture, la sylviculture, l'apiculture, etc., ont une bonne part de leurs préoccupations ; ils récompensent la fabrication des machines et des instruments qui, après essai, leur semblent les meilleurs. En un mot, leur sollicitude bienfaisante n'oublie rien de ce qui peut favoriser les progrès de l'agriculture.

Les assurances. — Il est à peu près inutile aujourd'hui de recommander aux cultivateurs d'*assurer* leurs maisons et leurs meubles contre l'incendie : personne ne néglige plus cette précaution; mais, en général, on n'use pas assez des mêmes garanties pour les récoltes. Cependant, personne n'ignore qu'à côté des *Compagnies d'assurances contre l'incendie*, se trouvent d'autres sociétés analogues, qui assurent les moissons contre la grêle. C'est une précieuse ressource qu'on ne doit négliger nulle part : quel est celui qui peut répondre que le fléau ne s'abattra pas sur ses champs, et ne détruira pas en quelques minutes tout le fruit de son travail d'une saison ?

Questionnaire. — Combien de directions peut-on donner à la culture? — De quoi faut-il tenir compte avant de se décider ? — Qu'est-ce que le fonds de roulement ? — Comment doit-il être limité ? — Qu'est-ce que le fonds de réserve, et à quoi sert-il ? — Enumérez les avantages que présentent les associations agricoles. — Dites ce que c'est que les syndicats agricoles. — Quel est leur but ? — Parlez des Comices agricoles. — Que pensez-vous des assurances ?

Devoirs. — *1º Dire, sous forme de lettre, quels avantages on retire d'un fonds de réserve suffisant. Moyens à employer pour l'acquérir et le maintenir.*

2º La fête du Comice agricole. — Description.

2ᵉ LEÇON. — LA FERME.

SOMMAIRE. — Le morcellement des terrains. — Les chemins. — Les bâtiments. — Le logement. — L'ordre. — La nourriture et les boissons.

Le morcellement des terrains. — La situation des terrains en culture par rapport à la proximité des bâtiments de l'exploitation, ne peut être indifférente au cultivateur.

Dans la *grande culture*, les champs et les prairies sont ordinairement tous attenants les uns aux autres, de sorte que l'on ne consacre que le temps nécessaire aux trajets et aux transports.

Mais la *petite culture*, surtout dans la plaine, ne jouit pas des mêmes avantages : les achats et les partages successifs ont amené un morcellement qui divise les terres presque à l'infini, de sorte que le même cultivateur est obligé souvent de disperser ses travaux sur un rayon de plusieurs kilomètres, et qu'il perd ainsi sur les chemins un temps précieux. Cet inconvénient grave peut être atténué de plusieurs manières : le moyen qui paraît le plus pratique est celui qui consiste à prendre à bail des terres plus rapprochées et à mettre en location celles que l'on possède au loin. D'ailleurs, la loi facilite, par une diminution très importante des droits *de mutation,* les *échanges* définitifs de terrains.

Les chemins. — Le bon état des chemins qui mènent des bâtiments aux champs et aux prairies, contribue pour une large part à la rapidité des charrois, et donne par lui-même une économie de force importante. Si la chaussée est solide, bien empierrée, et convenablement bombée, les animaux de trait vont deux fois plus vite et dépensent en même temps moins de force. Si elle est bourbeuse, pleine d'ornières et de fondrières, les roues des voitures s'y enfoncent, et ce n'est qu'au prix d'efforts considérables, et après beaucoup de temps perdu et d'ennuis qu'on s'en tire. Chacun doit donc veiller avec soin à l'entretien des chemins particuliers qui l'avoisinent et dont il use, afin que la moindre détérioration y soit réparée immédiatement et ne puisse s'aggraver.

Les bâtiments. — Le cultivateur judicieux ne dépense que le moins possible en constructions : il faut de la place, mais il ne faut pas de luxe. Si la ferme est importante, plusieurs corps de bâtiments sont nécessaires : d'abord la maison d'habitation, où l'on installe la *laiterie,* la *fromagerie* et les *caves ;* puis la *grange* et le *hangar ;* enfin les *étables,* la *bergerie,* l'*écurie,* la *basse-cour.*

Si la ferme est de petite étendue on se contente d'un seul corps de bâtiment qu'on divise le plus commodément possible : les appartements au *sud,* les écuries et les étables au *nord,* avec les *ouvertures vers l'est et l'ouest,* la grange entre les deux.

Dans un cas comme dans l'autre, la chambre à four, si l'on doit faire le pain à la ferme, doit être isolée de toute construction.

Lorsqu'on veut bâtir, le choix de l'emplacement doit être fait avec le plus grand soin. Il faut un terrain sec, bien exposé au sud autant que possible, situé au centre de l'exploitation, et où l'on puisse faire venir l'eau potable en abondance. Ce sont d'ailleurs des conditions hygiéniques que tout le monde connaît aujourd'hui.

Le logement. — Les appartements doivent être vastes, bien exposés au soleil, vers le sud, et percés de grandes baies, de façon que l'air puisse se renouveler abondamment et facilement, et que la lumière y pénètre en grande quantité. Point de ces chambres basses où l'on touche le plafond, point de ces petites fenêtres qui ne donnent l'air et le jour qu'avec parcimonie, et que, trop souvent, on ouvre encore plus rarement que les autres. Les appartements de ce genre sont presque toujours, à moins d'une propreté extrême, de véritables foyers de maladies pour ceux qui les habitent.

Il est bon de réserver les chambres du premier étage pour y coucher, parce qu'elles sont plus sèches, et que, même l'hiver, on peut les aérer abondamment dès le matin, et de n'installer au rez-de-chaussée que les appartements où l'on se tient le jour (1).

L'ordre. — Le soin et l'ordre doivent régner en maîtres chez le cultivateur : les meubles bien frottés, la propreté partout indiquent l'activité. Quand la maison est bien tenue, les comptes sont bien tenus aussi, et c'est bon signe ; si l'on est soigneux, elle ne sera jamais trop petite ; si on ne l'est pas, elle ne sera jamais assez grande. Quand les choses sont à leur place, on sait où les trouver ; quand elles n'y sont pas, on perd la moitié des journées à les chercher, et on ne les trouve pas toujours.

Que tout se fasse à heure fixe, les repas et le travail, le lever et le coucher, suivant la saison : la régularité économise le temps, et une machine qui va par saccades, tantôt trop vite et tantôt trop lentement, est bientôt usée.

Nourriture et boissons. — La question de la nourriture et des boissons est ordinairement la plus négligée, et c'est une des plus importantes. Si les repas sont insuffisants, si les aliments sont de mauvaise qualité ou sans variété, les forces ne sont pas réparées, et l'on s'épuise en vains efforts. Avec une bonne nourriture, tout le monde est en bonne santé, *l'esprit est satisfait*, personne ne songe, sous prétexte de se donner des forces, à boire de *l'alcool* à tout moment, voire même le matin dès le lever, comme on

---

(1) Les leçons d'hygiène sur l'aération, sur le chauffage, sur les soins de propreté, compléteront ces notions, qu'il est inutile de développer davantage dans un cours d'agriculture.

le fait parfois. Comment l'estomac résisterait-il à un tel régime? Ruiné par le manque de nourriture saine, il est encore *corrodé* par ces alcools de grains, de bois et autres, qui sont des poisons, et que les Allemands nous envoient en fraude dans l'espoir de nous abrutir.

Si encore l'on ne faisait usage que d'eaux-de-vie naturelles, le mal serait moins grand, et les résultats moins terribles. Cependant il y a toujours danger, car on finit par prendre l'habitude de recourir à ces boissons sous tous les prétextes ; peu à peu, la honteuse ivrognerie s'empare d'un homme qui, mieux nourri, n'aurait jamais pensé à une ressource aussi désastreuse pour sa santé, pour sa fortune et pour sa famille.

On a d'ailleurs à sa portée, sans parler du vin, d'autres boissons saines et fortifiantes. Pourquoi, par exemple, néglige-t-on le *café* presque complètement ? C'est pourtant ce qui, en été, pendant les grandes chaleurs, lorsqu'on y ajoute de l'eau en quantité convenable, désaltère le mieux *tout en reposant le corps fatigué.* C'est pour cette raison que l'on en donne une bonne ration aux soldats après chaque étape. Il a l'avantage d'être aussi une des boissons les plus économiques.

Questionnaire. — Dites les inconvénients du morcellement des terrains. — Comment un chemin doit-il être entretenu ? — Quelle est la meilleure disposition des bâtiments ? — Quelles conditions doivent remplir les appartements? — Parlez de l'ordre dans la ferme. — Pourquoi faut-il une bonne nourriture ? — Dites ce que vous pensez de l'alcool et de ses effets. — Parlez des autres boissons.

Devoirs. — 1º *Plan du rez-de-chaussée de votre ferme.* — *Plan du rez-de-chaussée d'une ferme comme vous la feriez construire, si vous vouliez des bâtiments neufs.* — *Indiquer l'orientation.*

2º *Comment on devient ivrogne.* — *Inventer une histoire à ce sujet.* — *Conséquences.*

3ᵉ Leçon. — **LES INSTRUMENTS AGRICOLES**

SOMMAIRE. — Les instruments agricoles. — Outils à la main : 1° pour les labours ; 2° pour les récoltes.

Les instruments agricoles. — On peut diviser les outils et les machines qui servent à la culture en deux catégories : les *outils de la petite culture* ou *à la main*, et ceux de *la grande culture.*

Outils à la main. — 1° LABOURS. La *bêche* est le meilleur et le plus important de tous les petits outils. Aucun autre ne le vaut pour retourner la terre : il fait peu de besogne, mais en revanche, il la fait bonne. La bêche qu'on trouve, dans le pays où l'on est a ordinairement sa raison d'être, et c'est celle qu'on trouve presque toujours la plus commode, parce qu'on y est habitué.

La *râtissoire à pousser* est encore peu répandue. Rien ne vaut cet outil, cependant, pour couper les racines des plantes nuisibles, et pour nettoyer les semis en lignes. Elle se manie en reculant. C'est tout simplement une lame tranchante, avec une *douille* au milieu du dos pour y adapter un long manche, comme une pelle à feu très large et sans rebords; ou bien comme une large truelle, tranchante en avant et sur les bords des deux côtés.

On peut avec avantage en avoir de plusieurs tailles et même de plusieurs formes, car elles varient suivant les pays, suivant les goûts et suivant la destination.

Il faut ensuite des *houes* et des *pioches*. Il y en a aussi de toutes les formes et de toutes les tailles.

Presque partout, on emploie pour récolter les racines, et même pour remuer la terre, une sorte de houe à deux, trois ou quatre dents. On lui donne ordinairement le nom de *crochet*, ou de *houe à dent*, ou de *bident*. On le fabrique soit avec du fer, et alors on fait les dents larges et fortes, soit avec de l'acier, ce qui permet d'en réduire le poids sans nuire à la solidité.

La *serfouette* est un petit outil double, qui tient de la houe et du bident. On l'appelle suivant les pays, *binette, piochette, binoir, sarcloir.* Il rend de grands services dans la petite culture et dans le jardinage.

On a besoin d'un certain nombre de *fourches*, et il est bon de s'en procurer de plusieurs tailles et de plusieurs forces, les unes à manche court, pour le fumier ou d'autres travaux à faire sur le sol, les autres à manche long, pour charger et décharger le foin ou les gerbes. On en fait maintenant d'acier, à deux, trois ou quatre dents, suivant le but, qui sont à la fois légères et très solides, et qu'il faut préférer à toutes les autres : *le poids de l'outil trop lourd fatigue souvent plus que la besogne, et c'est de la peine perdue.*

Pour creuser les rigoles de l'irrigation dans les prairies, on emploie souvent une sorte de *hache* à long manche et à tranchant allongé en arc de cercle, qui sert à couper le gazon avant de l'enlever à la houe.

Il est bon d'avoir aussi *brouettes, pelles, charrettes à bras*, petit *rouleau à main* ; et pour le jardinage, un *sécateur*, une *serpette*, un *greffoir* avec sa *spatule*, etc.

2° RÉCOLTES. — Pour récolter les fourrages, on emploie diverses sortes de *faux*. Dans la plaine, où le terrain est uni, on préfère les faux longues, qui abattent plus de besogne, mais sont plus lourdes à manier ; tandis que dans les montagnes, où le sol est plus accidenté, plus irrégulier, on se sert volontiers de faux plus légères qu'on peut d'ailleurs manœuvrer plus rapidement. Elles ne sont pas non plus emmanchées exactement dans une région comme dans l'autre, ce qui tient naturellement aux avantages que présente chaque procédé, suivant le pays.

Pour récolter les sarrazins, les avoines, et même les seigles et les froments, on se sert beaucoup de la faux, depuis quelque temps.

On la munit alors d'une sorte d'*armature* formée d'une branche flexible recourbée en *arc* le long du manche, et quelquefois aussi d'une sorte de *râteau* dont les dents sont horizontales, et placées au-dessus de la lame pour retenir tout ce qui vient d'être coupé. Cette armature jette en *andains* les céréales à paille courte ; cela s'appelle faucher *en dehors* ; les céréales à paille longue sont fauchées *en dedans*, c'est-à-dire rejetées contre ce qui reste debout.

Beaucoup de cultivateurs hésitent à employer la faux, pour récolter les froments, les seigles et les orges ; aussi emploie-t-on encore la *faucille* à peu près exclusivement dans la petite exploitation, pour en faire la récolte. Cependant, il existe un autre instrument bien supérieur, d'un usage très répandu dans le Nord : c'est la *sape*, sorte de petite faux à manche court que l'on manie de la main droite et debout. Un moissonneur habitué à la sape peut abattre dans le même temps deux fois plus de besogne que le plus habile à la faucille. Il est vrai que la sape est plus lourde, et d'un apprentissage plus long; mais on n'a rien sans peine, et le temps que cet instrument ferait gagner vaut bien que l'on essaie de s'en servir dans les Vosges. Avec cet outil, il faut un long *crochet*, destiné à rassembler les épis et à les mettre en javelles.

Il en est des *râteaux* comme des autres instruments : on en voit de toutes les façons et de toutes les tailles. Il en faut à dents de bois et à dents de fer, les uns pour *faner* ou secouer les fourrages, les autres pour *râtisser*.

Questionnaire. — Comment divise-t-on les outils ? — Quels sont les principaux outils à la main qui servent aux labours ? — Donnez-en une courte description et dites leur usage ? — Quels sont les outils qui servent aux récoltes ? — Parlez de la sape ?

Devoirs. — *1º Tableau des instruments à la main qu'on possède à la ferme. En indiquer la valeur et faire le total.*

2º Dessiner les outils à la main qu'on possède dans la ferme.

4ᵉ Leçon. — LES INSTRUMENTS AGRICOLES (Suite).

SOMMAIRE. — Instruments attelés et machines. — Pour les labours. — Pour les semailles. — Pour les récoltes. — Soins.

Instruments attelés et machines. — Les gros instruments qui nécessitent un attelage n'ont pas d'autre but que de faire plus rapidement et à moins de frais le même travail que les petits. On peut en faire trois catégories : 1º ceux qui servent aux labours ; 2º ceux qui servent aux semailles ; et enfin, 3º ceux qui servent aux récoltes.

Pour les labours. — En premier lieu, vient la *charrue* (FIG. page 14). Depuis Mathieu de Dombasle, on l'a perfectionnée de toutes les façons, et il en existe une foule de variétés. Toutes sont munies d'un *régulateur*, appareil placé à l'avant pour déterminer à volonté la profondeur et la largeur du sillon ; et presque toutes ont un *avant-train*, formé de deux roues assez petites. Sur la barre des moyeux, est

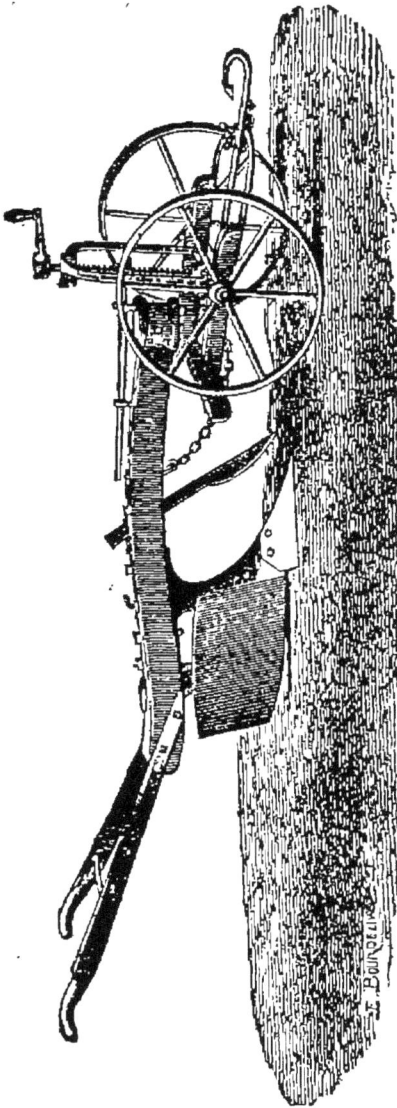

Charrue Dombasle à avant-train.

fixé le *régulateur*, qui élève ou abaisse l'*âge* à volonté. A l'âge sont fixés les *mancherons* pour diriger, le *coutre* pour couper la terre, le *soc* pour la trancher en dessous et la soulever, et le *versoir*, pour la retourner. Une charrue est d'autant meilleure, qu'elle retourne mieux le sol fertile.

Dans la plaine, où l'on n'a guère de champs en pente, on emploie presque partout la *charrue à versoir fixe*; dans la partie montagneuse des Vosges, où, au contraire, l'on a rarement des champs en plaine, on ne trouve guère que des *charrues à renversement* ou à *versoir mobile*, nécessaires pour les terrains en pente.

Les *araires* (Fig. p. 15) sont des charrues *sans avant-train*, que l'on emploie quelquefois dans les terres légères; elles deviennent assez rares, et d'ailleurs leur travail n'est bon que si leur construction ne laisse rien à désirer; mais elles exigent un tirage bien moins fort que les charrues à avant-train, et on a peut-être tort de les abandonner. Elles se composent des mêmes parties que les premières, mais l'usage du régulateur est inverse pour déterminer la profondeur du labour.

Pour défoncer, pour défricher, pour remuer le sous-sol sans le ramener à la surface, on emploie la *charrue-taupe* ou *fouilleuse*, que l'on fabrique spécialement dans ce but. Mais on peut s'en passer et la remplacer par une charrue ordinaire dont on a ôté le versoir.

Pour *butter* les plantations en *lignes*, on se sert d'une

petite charrue à deux versoirs qu'on appelle *buttoir*, et qui renverse la terre de chaque côté du sillon.

Les *herses* sont les râteaux des champs. Elles servent à briser les mottes, unir les terres labourées, recouvrir les semis à la volée, arracher les racines et les mauvaises herbes, etc.

Les herses lourdes conviennent aux terres argileuses et marneuses de la plaine ; il les faut plus légères dans les terrains calcaires et sablonneux, où les mottes sont peu résistantes. Il y en a de plusieurs formes : en *triangle*, en *parallélogramme*, les unes *articulées*, les autres *rigides*. Celles qui sont articulées sont les meilleures, parcequ'elles suivent mieux les inégalités du sol, et qu'on peut les prendre larges. Dans les bonnes herses, deux dents ne passent pas l'une après l'autre dans le même sillon.

Sur les grandes exploitations, avec la charrue et la herse, on emploie encore deux autres instruments qui dérivent à la fois de l'un et de l'autre : ce sont le *scarificateur* et l'*extirpateur*, que l'on combine parfois en un seul instrument (Fig. page 16).

Araire Dombasle.

L. GUIGUET

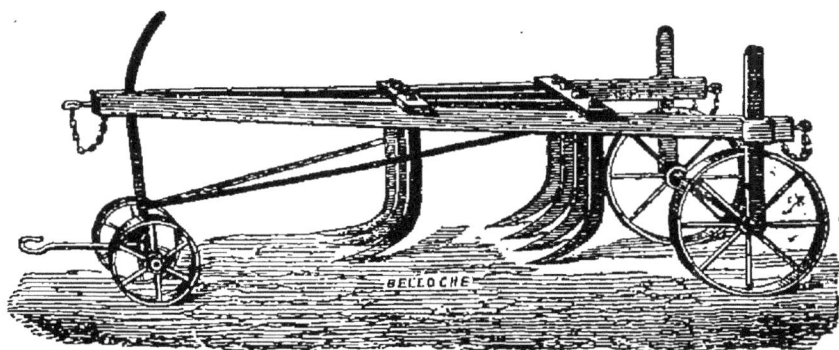

Extirpateur-Scarificateur.

Le *scarificateur* est formé d'une série de lames recourbées analogues au coutre, fixées ordinairement sous un
châssis en triangle. Ces lames doivent pénétrer jusqu'au
sous-sol, pour couper et briser les grosses mottes souterraines que la herse n'a pu atteindre.

L'*extirpateur* se rapproche plutôt de la charrue ; il est
formé de plusieurs petits socs qui pénètrent dans la terre
pour la soulever, l'ameublir, et la mêler sans la retourner ;
ces socs coupent en même temps les racines des mauvaises
herbes.

On fabrique aussi d'autres instruments qui peuvent servir à la fois de scarificateur et d'extirpateur, et auxquels on
donne des noms variés. La *houe à cheval* est un de ceux-là.
Tous servent à compléter le travail de la herse et de la
charrue.

Les *rouleaux* sont bien connus dans toute la plaine, mais
on les a négligés jusqu'alors dans la montagne, où cependant ils rendraient de grands services. Le rouleau, qui brise
aussi les mottes, sert surtout à consolider la terre, et à re-
chausser les jeunes plantes. Il y a des rouleaux de *bois*, de
pierre, de *fonte*, les uns d'une pièce, les autres formés de
plusieurs *disques* indépendants sur le même axe (FIG. p. 17).
Tous ceux qui sont unis cassent mal la terre et ne brisent
guère les mottes ; on les appelle *rouleaux plombeurs* ; ceux
qui sont armés de dents, ou formés de disques à rainures
profondes sont préférables au point de vue du travail, mais
dépensent plus de force.

Pour les semailles. — Les semailles faites à la main,
en volée, sont presque toujours irrégulières ; la graine est

Rouleau squelette à disques indépendants.

trop claire ou trop serrée, et un simple hersage ne la recouvre pas toujours convenablement. Aussi on a imaginé, pour les moyennes et les grandes exploitations, des machines à semer qu'on appelle *semoirs*. On en fait de grands et de petits, depuis ceux qui demandent deux chevaux pour être traînés, et qui versent de l'engrais en poudre avec la semence, jusqu'au *semoir-brouette* (FIG. page 18). Les uns recouvrent la graine *automatiquement* les autres, plus simples, exigent un coup de herse pour recouvrir la semence. Les premiers se composent ordinairement d'une large caisse en forme de *trémie*. Les semences passent de cette trémie dans des tubes ou des séries d'entonnoirs tubulaires qui viennent raser le sol, et qui les déposent dans un sillon qu'une sorte de petit soc a creusé en avant. Un petit râteau les recouvre de terre immédiatement. Les seconds sont formés aussi d'une trémie, mais plus petite, qui communique avec des tubes descendant jusqu'à

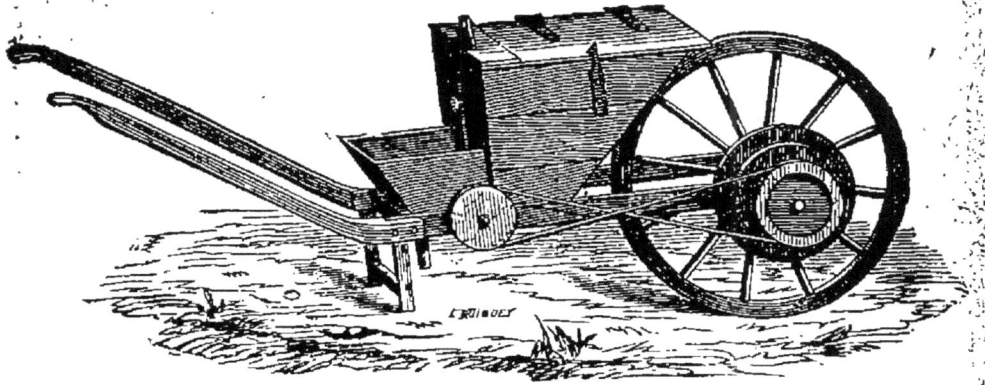

Semoir à brouette.

qu'à terre. Ils coûtent bien moins cher que les autres.

Les semoirs *économisent la semence, gagnent du temps, et font un travail bien régulier*, ce qui, pour les céréales, contribue beaucoup à diminuer la *verse*, et, pour toutes les cultures, permet d'employer les machines attelées pour la destruction des mauvaises herbes. Malheureusement on ne peut guère les utiliser dans la petite culture, à cause de leur prix, sauf le semoir-brouette, qu'on peut employer partout, même dans les terrains en pente des montagnes.

Pour les récoltes. — Afin de diminuer la main-d'œuvre de plus en plus coûteuse, et pour gagner du temps, on a cherché à remplacer, pour les récoltes comme pour la culture, les outils à la main par des machines. Les principales sont : la *faucheuse*, la *moissonneuse*, les *faneuses*, les *râteaux à cheval*, la *machine à battre*, le *tarare* ou *grand van*, etc.

La *faucheuse* et la *moissonneuse* exigent un terrain bien uni, sans pentes rapides. Quelques faucheuses sont disposées de manière à pouvoir servir de moissonneuses. Les moins compliquées ne font que scier l'herbe ou les moissons, et les jettent de côté. Certaines moissonneuses sont disposées pour mettre les céréales en *javelles*; leur mécanisme est beaucoup plus complexe, ce qui augmente considérablement le prix de revient.

Pour les fourrages, il existe un certain nombre de *faneuses* et de *râteaux à cheval*, destinés à remuer l'herbe pendant la fenaison, ou à la ramasser en tas. Ces instruments font avec rapidité beaucoup de travail, mais celui du râteau à cheval laisse à désirer sous le rapport de la perfection. Ils conviennent bien dans les pays de grandes plaines, où ils accompagnent les faucheuses, et où la fenaison doit se faire d'autant plus vite que l'étendue des prairies est plus considérable.

Les instruments qui se prêtent le mieux à la formation d'une société pour leur utilisation, sont certainement les *machines à battre* et les *tarares* ou *grands vans*. Tout le monde connaît les *batteuses* qui sont de deux sortes, les unes prenant la paille de côté, les autres par le bout. Les premières sont plus rapides, mais brisent la paille, tandis que les autres la laissent à peu près intacte. Les premières sont donc préférables si la paille doit servir à la nourriture des bestiaux ou à la litière.

Les *tarares* remplacent avec avantage le *van* ; leur travail est d'ailleurs complété par celui des *trieurs* qui non seulement débarrassent le blé des petites graines qui lui sont mêlées, mais se chargent aussi de séparer le grain par catégories de grosseur. Toutes ces machines doivent être mues au moyen d'un *manège* plutôt que par la main de l'homme. Dans les grandes exploitations, c'est la vapeur qui sert de *force motrice*.

Enfin, il existe encore d'autres instruments, très utiles, quoique bien moins nécessaires, tels sont les *hache-paille* et les *coupe-racines*, peu coûteux et n'exigeant point d'apprentissage.

Soins. — Tous ces instruments, lorsqu'on ne s'en sert pas, doivent être remisés sous un *hangar couvert*. Ils ne doivent jamais, et sous aucun prétexte, être exposés aux intempéries, hors le temps du travail : le soleil dessèche le bois qui se fendille, ou se disjoint ; les parties métalliques s'allongent par la chaleur, puis prennent du jeu. La pluie agit en sens inverse : le fer se *rouille*, et la rouille use en pure perte ; le bois se gonfle, puis subit une sorte de fermentation qui le rend cassant, et le corrompt rapidement : tout est ainsi bientôt à remplacer.

Pour maintenir les instruments et les machines en bon état, rien n'est supérieur à une couche de *peinture à l'huile* ou de *goudron*, sur le bois comme sur le fer, sauf, naturellement, aux endroits où il y a frottement, et où il faut graisser. Il serait bon même, avant d'ôter une machine pour longtemps, de la *démonter*, au moins dans les parties essentielles, pour *essuyer, ôter la poussière*, et *repeindre* partout où il y a de l'usure. Les fers qui sont destinés à travailler la terre gagneraient aussi à être goudronnés, lorsqu'ils seront quelque temps avant d'être employés ; au moins l'humidité n'a pas prise dessus, et ils ne sont pas rongés par la rouille. Ces soins exigent une dépense si légère qu'ils sont à la portée de tous.

Le temps qu'on passe à nettoyer et à ranger les instruments, on ne saurait trop le redire, n'est jamais du temps perdu : s'ils sont en ordre, on les retrouve à leur place et en bon état, ce qui est à la fois une *économie de temps et d'argent*.

Une autre économie importante aussi, pourrait être réalisée par tous les cultivateurs. Si chacun savait un peu *travailler le bois*, assez pour dresser convenablement un manche d'outil, pour raboter une planche, pour faire, enfin, une réparation facile aux instruments et aux machines, on serait quitte d'aller, pour peu de chose souvent, trouver le charron ou le menuisier, qui ne travaillent pas pour rien. Pendant tout l'hiver, aux moments où les travaux des champs sont impossibles, cela occuperait, distrairait, et rendrait de réels services à la ferme.

Questionnaire. — Comment divise-t-on les outils attelés ? — Donnez la description de la charrue ? — Quels sont les instruments qui complètent le travail de la charrue ? — Quelles herses sont les meilleures ? — Qu'est-ce que l'extirpateur, le scarificateur, la houe à cheval ? — Parlez des rouleaux — Quels services rendent les semoirs ? — Décrivez-les. — Quelles sont les machines qui servent aux récoltes ? — Dites ce que vous en savez. — Quels soins faut-il donner aux instruments ?

Devoirs. — 1º *Description détaillée de la charrue et de ses diverses pièces. Expliquer comment fonctionne le régulateur dans la charrue à avant-train et dans l'araire.*

2º *La moisson.* — *Description.* — *Emploi des divers outils et les diverses machines qui servent à ce travail.*

CHAPITRE II

LES ANIMAUX DE LA FERME

5e Leçon. — **LA RACE BOVINE.**

SOMMAIRE. — L'étable. — Installation. — Vices de l'installation ordinaire.— Soins de propreté.

Il n'est point de bonnes récoltes, sans bonnes fumures, et il n'est pas de *bonne fumure* sans *bétail*. Le bétail, quel que soit le but poursuivi, forme donc la base d'une bonne exploitation ; c'est pourquoi, avant de sortir de la ferme, il est bon de voir les *étables* et les *écuries*, ce qu'elles renferment et ce qu'elles rapportent.

Les étables. Installation. — Le logement des animaux de la *race bovine* s'appelle l'*étable*.

Les bestiaux veulent être bien logés, car il en est, sous ce rapport, des bêtes comme des gens : *il leur faut, pour vivre en bonne santé, de l'air et de la lumière.*

Chaque bœuf ou vache doit disposer de 30 à 35 mètres cubes d'air ; en conséquence, il faut donner à l'étable 3 mètres de hauteur et 5 mètres de largeur. La longueur sera calculée de manière que chaque bête dispose de 2 mètres à 2^{m}50. Il faut un plafond bien joint, afin que la poussière ne puisse le traverser, non plus que les débris qui viennent du *fenil*, lorsqu'on loge le foin sur l'étable. Dans ce cas, il serait très bon que l'air puisse circuler librement sous le tas de foin, afin que la buée qui vient des bêtes ne pénètre pas l'herbe sèche, et ne lui donne pas de mauvais goût. On peut y arriver aisément au moyen d'un double plancher mobile élevé de 0^{m}10 à 0^{m}15. Les murs de l'étable doivent être aussi lisses que possible, parce qu'il est plus aisé de les tenir propres ; on les blanchit au lait de chaux tous les ans. Ils doivent être percés de larges fenêtres, à 1^{m}80 ou 2 mètres au-dessus du sol, pour que la lumière ne frappe pas trop vivement les yeux du bétail, et pour que l'aération se fasse par la partie supérieure de l'étable. Plusieurs systèmes sont recommandés : les uns veulent des ouvertures en demi-cercles, dont le châssis s'ouvre par le haut, et en dedans. D'autres veulent des ou-

vertures rectangulaires, dont le châssis glisse sur des rails.
Dans l'un et l'autre cas il faut qu'on puisse diminuer la
lumière à volonté, soit au moyen d'un *volet* plein à rails,
soit au moyen d'un *paillasson* qu'on abaisse et qu'on relève:
pendant l'été, les mouches incommodent bien moins les
animaux dans l'obscurité qu'à la lumière. On arrête aussi
l'invasion de ces insectes par une toile métallique placée
devant chaque fenêtre.

Une porte de 2 mètres de large et 2 mètres de haut est
nécessaire pour qu'un homme puisse toujours passer aisément en conduisant un bœuf ou une vache.

Toutes ces baies sont ouvertes entièrement chaque fois
que les animaux sont sortis, et en général tous les jours,
en tenant compte naturellement de la saison et de la température. Pour faciliter encore l'aération, on établit au plafond, de petites *cheminées d'appel*, qui conduisent l'air
vicié au dehors, et qui fonctionnent en tout temps et en
toute saison.

Quand les vaches ou les bœufs sont sur deux rangs, ils
se tournent le dos, et on ménage tout le long, au milieu de
l'étable, une *allée* large de 1m50, pour que l'on puisse circuler facilement (1). S'ils sont sur un rang seulement, l'allée
se trouve derrière eux, et doit avoir à peu près la même
largeur.

Le terrain de l'étable doit être bien *sec*. Si on peut le
paver en briques, c'est ce qui vaudra le mieux, car ce pavage est facile à nettoyer, et il est moins glissant qu'un
plancher, comme on en fait beaucoup. Cependant, en Angleterre, on a essayé avec succès les planchers horizontaux
à claire-voie, qui laissent passer tous les excréments, qui
économisent la litière, et qui, à cause de cette horizontalité
même, fatiguent bien moins les bestiaux que les pavages et
les planchers inclinés (Fig. page 23).

On emploie parfois la terre fine et sèche en guise de
litière; mais alors le plancher ne peut plus être à claire-
voie. Dans les Vosges on n'emploie guère à cet usage que
la *paille*, qui, d'ailleurs, est ce qu'il y a de préférable pour
la qualité et la conservation du fumier et pour la commodité des animaux. On emploie cependant aussi la *fougère*;
mais il faut avoir soin de la couper très jeune, car on ris-

(1) On les met aussi quelquefois face à face.

querait d'en infester les champs et les prés : on sait en effet que les taches brunes qui se trouvent sous les feuilles de fougères à la fin de l'été ne sont autre chose que les semences de la plante ; c'est d'ailleurs toujours une mauvaise litière, ainsi que les feuilles de chêne et de hêtre, tandis que celles de tilleul, d'érable et d'aulne, de même que la mousse, peuvent être employées sans inconvénient. Sous l'allée que l'on ménage derrière les animaux, il faut creuser un *canal* en pente douce, à *parois imperméables* où se rassemblent les excréments liquides, qui s'écoulent ensuite au dehors et se rendent dans la *fosse à purin*.

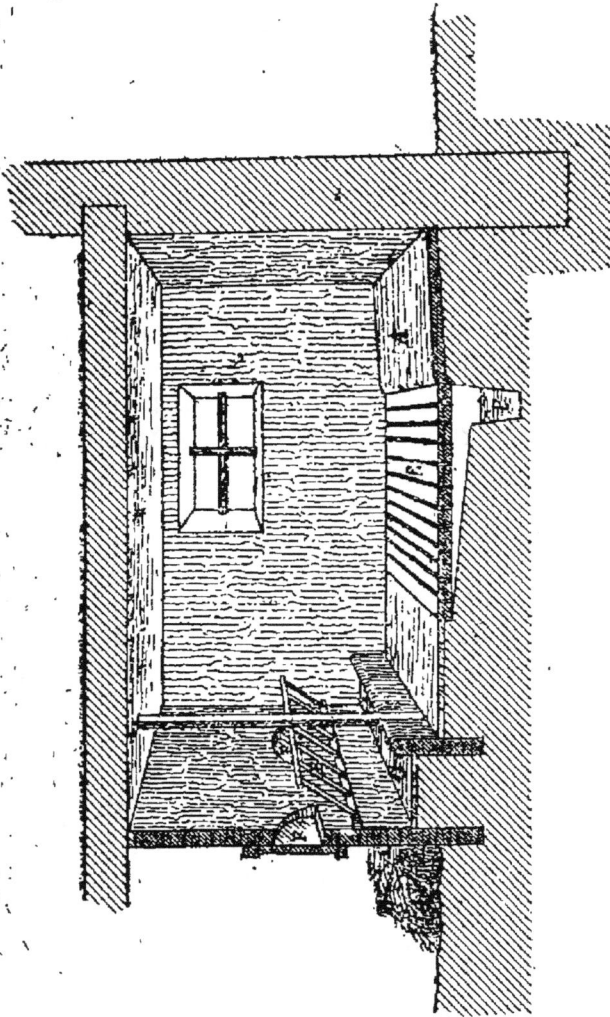

Étable à sol horizontal (échelle de 1/100)

A. Allée de passage derrière les animaux. — B. Plancher à claire-voie. — C. Crèche. — F. Fenêtres demi-rondes pour donner le fourrage. — R. Râtelier. — P. Canal d'écoulement du purin.

Vices de l'installation ordinaire. — On trouve très rarement une étable bien tenue. Presque partout l'espace manque, l'air et la lumière y sont ménagés avec parcimonie ; on perd les purins qu'on laisse séjourner dans l'étable, ou qui s'écoulent au hasard, et qui, cependant, sont un des meilleurs engrais, comme nous le verrons plus loin; le fumier est laissé en tas pendant plusieurs jours derrière les animaux; or, rien n'est plus nuisible à leur santé, à cause des gaz qui s'en dégagent et vicient l'atmosphère; il faudrait l'enlever au moins tous les deux jours.

Trop souvent aussi, on ne prend aucune précaution pour empêcher les poussières du fenil de pénétrer dans l'étable. Ces poussières peuvent cependant causer des *inflammations violentes* des yeux et des paupières, ou une *toux* fort pénible, qui peut quelquefois devenir dangereuse. Il faut donc bien secouer l'herbe sèche sur le fenil, avant de la donner aux bestiaux.

Enfin les portes et les fenêtres sont presque toujours insuffisantes, le plafond bas, l'aération à peu près nulle, et le purin séjourne sans écoulement dans une fosse située sous l'allée derrière les animaux.

Divers systèmes de *crèches*, sont en usage. On trouve beaucoup d'étables où la crèche est à peine élevée au-dessus du sol; on y pénètre par des portes à rails dites *coureuses*, trop souvent mal jointes.

Quelques agriculteurs ont adopté les *crèches* avec un *râtelier* et une *mangeoire*. Pour y introduire les fourrages et les aliments, une ouverture suffisante est percée en face de chaque animal. Cette ouverture est munie d'une porte qui ferme bien, afin d'éviter les courants d'air. C'est le système que l'on devrait préférer partout, à cause des avantages de commodité et de propreté qu'il présente.

Soins de propreté. — Il arrive trop souvent qu'on est impressionné péniblement par la malpropreté des bêtes à cornes, dont les membres postérieurs sont recouverts d'un enduit de fumier qui soude les poils entre eux, et les soulève par plaques. C'est un indice de peu de soin et de peu d'activité. Non seulement la santé du bétail souffre beaucoup d'un tel état hygiénique, mais lorsqu'il s'agit de vaches laitières, le lait, le beurre et le fromage en supportent les conséquences.

Si l'on veut que le bétail se porte bien et soit d'un bon rapport, il est nécessaire qu'il soit tenu proprement. Pour cela, on doit *enlever souvent le fumier, renouveler la litière deux fois par jour*, ou au moins remplacer soigneusement celle qui est salie. Enfin, pour tenir le poil des bestiaux bien lustré, il faut les *étriller* et les *brosser* tous les jours. Le bon cultivateur doit être fier de la bonne tenue de ses vaches et de ses bœufs, et il doit savoir que *ces soins leur sont aussi nécessaires que les ablutions quotidiennes le sont à l'homme.*

Questionnaire. — Le bétail est-il nécessaire ? — Quelles dimensions doit avoir l'étable ? — Comment faudrait-il disposer les fenêtres, les portes, etc.? — Parlez du sol de l'étable et de la litière. — Parlez du fossé des purins. — Comparez les étables comme elles sont avec ce qu'elles devraient être. — Parlez de la crèche. — Quels soins de propreté demande le bétail ?

Devoirs. — *1° Ce qu'il en coûte de maltraiter les animaux. — Loi Grammont ; procès ; perte de force et de rendement ; animaux rendus ombrageux ; accidents.*

2° Dites ce qu'il faudrait transformer dans votre étable pour qu'elle soit bien installée.

6ᵉ Leçon. — RACE BOVINE (Suite).

SOMMAIRE. — Races principales; race vosgienne. — Choix des races. — Races de boucherie. — Races de travail. — Races laitières. — Procédé Guénon.

Races principales ; race vosgienne. — Les principales variétés d'animaux de l'espèce bovine peuvent se classer en trois catégories : 1° *les races laitières* ; 2° *les races de travail,* et 3° *les races de boucherie.*

1° Les principales races laitières sont: la *Bretonne,* la *Normande* ou *Cottentine,* la *Flamande* ou *Flandrine,* les *races de la Suisse,* dont la meilleure est la *Bernoise ;* enfin la *Hollandaise,* l'*Ardennaise,* etc.

2° Les principales races de travail sont: la *Garonnaise,* la *Salers,* la *Charollaise,* la *Choletaise.*

3° Les bœufs de travail, lorsqu'ils sont fatigués, étant engraissés en vue de la boucherie, la 3ᵉ catégorie comprend d'abord les races ci-dessus, que l'on place à ce point de vue dans l'ordre suivant: la race *Choletaise,* la *Charollaise,* la *Garonnaise,* la *Salers.* En outre, il faut distinguer la grande race *Normande* qui ne *travaille pas,* puis les races *Anglaises* de *Durham,* de *Devon,* d'*Hereford,* si renommées de l'autre côté du Pas-de-Calais, et qu'on dit supérieures aux nôtres pour la boucherie. Ces races Anglaises, en effet, ont les *os petits et croissent rapidement ;* mais tant que nos *races françaises* seront *d'abord employées au travail,* il faut estimer qu'elles nous coûtent moins cher à nourrir, et d'ailleurs, si elles donnent moins en poids net, la qualité de leur viande n'est pas inférieure.

Nous possédons dans les Vosges une race de petites vaches bien appropriée au climat, et d'un bon rendement à tous les points de vue, mais qui est devenue très rare, à l'état pur, à cause de l'importation des races de la Suisse et de la Franche-Comté, et des croisements faits sans aucun choix et sans aucun but déterminé. Elle mérite cependant, d'après l'opinion des agriculteurs les plus compétents, d'être recherchée et de revenir en faveur (1).

Choix des races. — LEURS CARACTÈRES. — Il importe extrêmement au cultivateur de savoir reconnaître à première vue les bonnes vaches laitières des races de travail et de boucherie. Il faut donc indiquer les *caractères* qui marquent les *aptitudes spéciales* de chaque bête.

1° **Bêtes de boucherie.** — Lorsqu'on veut élever spécialement en vue de la boucherie, il faut s'attacher aux animaux à peau souple et luisante, ayant les os petits et courts, la tête fine, le cou étroit, la poitrine large, le corps arrondi, le ventre petit; en un mot, on doit rechercher tout ce qui marque *le moins de déchets*, et *le plus de poids net* possible.

2° **Bêtes de travail.** — Les caractères des bêtes de travail sont en certains points l'opposé de ceux des bêtes de boucherie. Ainsi, il faut surtout rechercher la *force*, la *solidité des membres*, les os gros et longs, le cou très solide, la tête moyenne, la poitrine puissante, la croupe large, l'épine dorsale courte et forte.

3° **Vaches laitières.** — Les vaches laitières présentent des caractères bien différents : chez une bonne laitière, la tête est assez petite, sèche, maigre, avec un enfoncement au milieu du front, un creux bien marqué dans les os au-dessus et au-dessous de chaque paupière, les yeux doux et expressifs, à fleur de tête ; les cornes sont fines, un peu aplaties, bien plantées, pointues, luisantes et d'un grain clair ; les oreilles sont presque transparentes, bien mobiles et jaunâtres en dedans, avec de petites pellicules qui rappellent un peu le son. Le cou petit, les épaules sail-

(1) Le ministère de l'agriculture vient précisément de recommander la propagation de la *race vosgienne* à tous les agriculteurs de l'Est, à cause des *aptitudes excellentes* qu'elle possède également pour la *production du lait*, pour le *travail* et pour la *boucherie*. C'est une des seules races qui puisse *satisfaire à ces trois buts à la fois*, sans qu'on éprouve de mécomptes sérieux.

lantes, en dehors, faisant pointe sur la peau, le fanon large, pendant, souple, sont encore de bons signes.

L'échine doit être saillante, maigre, et faisant pour ainsi dire lame sur le dos, le ventre gros proportionnellement au reste du corps, les flancs et les reins larges et développés ; la queue doit être longue, fine, et avoir le point d'attache bien net. Il faut rechercher un pis gros, recouvert de poils longs, soyeux et rares, accompagnés d'un duvet clair, fin et gras au toucher. Si le pis est dur, c'est souvent parce que la vache n'a pas été traite depuis trop longtemps. Il doit être large en arrière, et remonter très haut en formant des plis.

Toutes les veines du corps doivent faire saillie sous la peau, celle du pis plus que les autres ; ces dernières sont très grosses, et pénètrent dans les chairs en avant par un trou si prononcé qu'on y enfonce le doigt sans peine ; c'est ce trou qu'on appelle *la fontaine*.

Procédé Guénon. — La partie située en arrière, du pis à la queue, est une des plus importantes à examiner. C'est sur les signes qu'elle présente, qu'est basé le *procédé Guénon*. (Fig. ci-dessous). Guénon était un paysan des environs

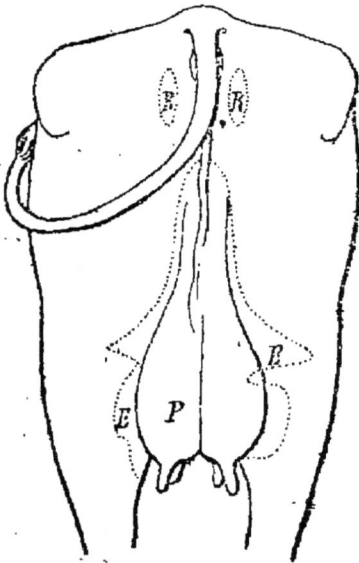

P. Pis d'une laitière médiocre.
E. Ecusson irrégulier.
R. Epis.

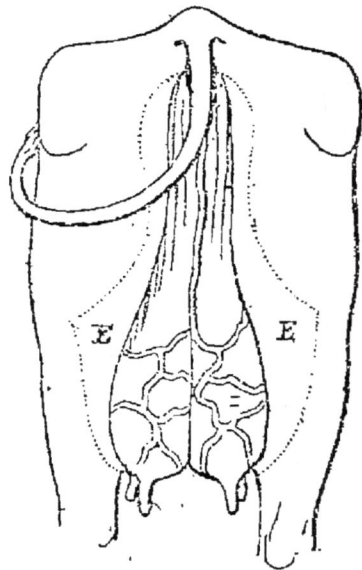

P. Pis d'une bonne laitière.
EE. Limite de l'écusson.
VV. Veines du pis bien visibles.

de Libourne, peu instruit, mais excellent observateur. A force d'examiner de bonnes vaches laitières, il finit par trouver plusieurs marques qu'on n'avait pas aperçues avant lui, et qui ne trompent guère, mais qui sont plus difficiles à reconnaître que les précédentes. Les voici :

Le pis de la vache remonte assez haut en arrière. Tout ce prolongement, ainsi que les cuisses, est recouvert de poils dirigés de haut en bas. Or, il se trouve des endroits, vers la partie moyenne des cuisses, et en arrière, où les poils sont *rebroussés*, c'est-à-dire dirigés de bas en haut. C'est ce que Guénon appela *épis* et *écussons* (1). Plus les écussons sont réguliers et étendus en longueur, plus le poil en est, en même temps, fin et doux, moins il y a de poils descendants à travers, plus le lait sera abondant. Il se trouve souvent qu'une rangée de ces poils entoure le pis, y compris son prolongement ; chez les meilleures laitières, on voit des poils rebroussés même sur le pis. Il faut se défier, sur les marchés, de celles qui sont tondues sur les écussons et sur le pis : c'est une ruse des marchands pour cacher les mauvaises marques.

Depuis Guénon, les savants ont remarqué que ces écussons correspondent précisément à la position qu'occupent sous la peau les *glandes* où se fait la *secrétion* du lait. C'est de l'*étendue* et de la *régularité* de ces glandes, plus que de la grosseur du pis, qui n'est qu'un réservoir, que dépend la quantité du lait.

L'avantage que présente la connaissance de ces marques, c'est qu'on les retrouve sur les génisses et même sur les veaux. Les taureaux aussi les portent ; de sorte que si l'on a soin de bien choisir d'abord les animaux reproducteurs, puis pour l'élevage, parmi leurs produits, ceux seulement qui sont bien marqués, en consacrant les autres à la boucherie, on sera certain d'avoir constamment de bonnes laitières.

Est-il nécessaire de dire qu'il est à peu près impossible de trouver tous ces signes réunis sur la même bête ? Mais il faut, lorsqu'on veut acheter, en rechercher le plus grand nombre, parmi ceux qu'indique la forme générale de la

---

(1) Voir le *Choix des vaches laitières par Magne*. Librairie agricole de la **Maison Rustique**.

vache, et exclure pour la production du lait, tout ce que le procédé Guénon indique comme mauvais.

Questionnaire. — Comment classe-t-on les animaux de la race bovine? — Que pensez-vous des races anglaises? — De la race vosgienne? — Quels sont les caractères des races de boucherie? — Des races de travail? — Des races laitières ? — Développez le procédé Guénon. — Pourquoi faut-il connaître ces signes ?

Devoirs. — *1° Lettre à un ami, au sujet de l'achat d'une vache laitière. Raconter l'inspection qu'on a faite du marché aux bestiaux, les raisons du choix auquel on s'est arrêté, les louanges du vendeur, la discussion du prix, etc.*

2° Le bœuf. — Description. — Services qu'il rend pendant sa vie et après sa mort.

7ᵉ Leçon. — **LA RACE BOVINE (Suite).**

SOMMAIRE. — Choix de la nourriture. — Régime. — Les boissons. — Les rations et les équivalents nutritifs.

Choix de la nourriture. — La prospérité d'une étable ne dépend pas seulement du choix des bestiaux et de la propreté de leur entretien; elle dépend aussi de la qualité de la nourriture et des boissons.

Les animaux en liberté choisissent leur nourriture, et ne mangent que ce qui leur plaît; tout le monde sait que les animaux domestiques mangent aussi plus volontiers certains aliments que certains autres. Il est clair que si l'on ne donne aux bêtes que le moins possible de ce qu'elles rebutent, leur santé sera meilleure, parce qu'elles mangeront mieux, et le profit sera plus considérable, non seulement au point de vue du rendement en lait ou en travail, mais aussi au point de vue du fumier. Cette nourriture doit être aussi variée que possible ; le meilleur régime est celui qui consiste à mêler toujours les fourrages secs, soit aux fourrages verts, soit aux aliments composés de racines et de tubercules. Il faut aussi éviter de passer brusquement du *régime sec* au *régime des fourrages verts*, ou, pour mieux dire, du *régime d'hiver* au *régime d'été*.

Régime. — La nourriture ne doit pas être la même pour les animaux qui travaillent et pour ceux qui donnent du lait ou qui sont à l'engrais.

Le bœuf de travail veut être bien traité : il lui faut une nourriture bien fortifiante, contenant peu d'eau, mais cependant qui ne le pousse pas à la graisse. Dans la montagne des Vosges, on se sert beaucoup de vaches laitières pour les labours des terres légères. Il ne faut pas abuser de leur travail, sous peine de voir diminuer rapidement le lait, et il faut augmenter la ration habituelle. Les fourrages verts, entre autres, doivent être peu abondants dans la nourriture des bestiaux qui vont travailler, et ils doivent être remplacés par des tourteaux, ou des grains égrugés de céréales.

Pour produire du lait, si on ne tient pas trop à la qualité, on donne des aliments aqueux, comme les navets, les rutabagas, les pommes de terre, les fourrages verts de toute sorte. Près des brasseries, des distilleries et des sucreries, on leur donne aussi les résidus laissés par ces diverses industries.

Si, au contraire, on nourrit en vue de la production du beurre et du fromage, il faut une alimentation plus riche, composée de fourrages secs, surtout de regains, dont on arrose légèrement une partie d'eau bouillante ; des tourteaux, qu'il faut toujours de bonne qualité ; des carottes et des racines, avec lesquelles on fait souvent des soupes fort affectionnées des bestiaux, etc. Il ne faut pas oublier, cependant, que les racines cuites favorisent davantage l'embonpoint, tandis que crues, hachées au coupe-racines, elles agissent plutôt sur la production du lait.

Les animaux à l'engrais demandent un régime particulier. On les tient ordinairement à l'étable, et on leur donne une nourriture plus sèche, variée et abondante, avec du son, des tourteaux, etc., additionnés d'un peu de sel. On leur fait aussi des boissons à l'eau bouillante, soit avec du foin, ou du regain, soit même avec les débris du fenil, qu'on a préalablement vannés. Ces boissons sont très appréciées des bestiaux, et l'herbe ainsi traitée est d'une digestion beaucoup plus facile.

Les repas des animaux doivent être très réguliers au point de vue des heures et au point de vue des *rations*. Si les bestiaux n'ont pas leurs repas à heure fixe, ils se tourmentent, s'inquiètent et en souffrent ; si l'on ne *rationne pas*, on donne tantôt trop, tantôt trop peu, et on ne se rend compte de rien.

Autrefois, les pâturages avaient leurs partisans, qui préconisaient surtout le grand air, la nourriture aromatique et substantielle ; lorsqu'on dispose de vastes pâtis, c'est sans doute un entretien économique ; mais on perd ainsi beaucoup d'engrais, de force et de temps. D'ailleurs avec la transformation des friches communales en forêts, on a été obligé d'en venir à la *stabulation permanente*, ou au moins *demi-permanente*. Ce mode présente des avantages sérieux, surtout si l'on sait tirer parti de tout ce qui peut servir de nourriture aux bestiaux. *Tout bon cultivateur doit donc s'attacher à faire produire à sa terre le plus possible de fourrages artificiels, de racines et de tubercules : car c'est d'après le nombre des têtes de bétail que l'on calcule la valeur et la richesse d'une ferme.*

Les boissons. — La question des boissons est aussi importante que celle de la nourriture.

Les animaux qui travaillent boivent ordinairement de l'eau ; mais les vaches laitières et les bêtes à l'engrais veulent être mieux traitées : aussi leur donne-t-on souvent de ces boissons dont il a déjà été parlé. On leur réserve aussi une partie du petit lait et des eaux de vaisselle, qu'on sale, et auxquelles on mêle des tourteaux pulvérisés, du son, etc. On achève l'abreuvage avec de l'eau. Toutes ces boissons doivent être chauffées. Dans quelques fermes, on conduit les bêtes à l'abreuvoir. La boisson est préparée à l'avance dans le bassin, on les amène par trois ou quatre, en ayant soin de placer en dernier lieu celles qu'on veut le mieux traiter, parce que la partie la plus nourrissante tombe toujours au fond de l'eau. Cependant, la méthode du rationnement est toujours préférable.

Les rations. — Tous les aliments sont loin d'avoir la même valeur : les uns sont très nutritifs, les autres le sont peu ; les uns sont riches en *matières azotées*, les autres en matières *non azotées* ; enfin, il en est qui se digèrent aisément, et d'autres qui résistent longtemps à la digestion. Il existe des tableaux où l'on trouve la valeur de chaque aliment par rapport aux matières utiles qu'il contient, et par rapport à son *degré de digestibilité*. Ces tableaux donnent lieu à des calculs assez compliqués pour l'établissement d'une ration. Si l'on ne retrouvait pas, dans le fumier, les éléments non digérés, il y aurait un intérêt d'économie important à appliquer le rationnement d'après cette méthode, comme on le fait dans les grandes exploitations, mais on peut, à la rigueur, se contenter des données fournies par les anciens *équivalents nutritifs*, établis d'après la quantité qu'il faut d'un aliment donné, pour nourrir à peu près autant que 100 kil., par exemple, de bon foin de prairie.

TABLEAU DES ÉQUIVALENTS NUTRITIFS

NOMS DES PRINCIPAUX ALIMENTS	Poids équivalent à 100 kil. de foin
Bon foin de prairie naturelle ou artificielle..	100
Paille de légumineuse (bien récoltée)...............	175
— d'avoine id. ....—	225
— de froment id.	275
— de seigle id.	300
Fourrages verts id.	400
Choux...................	500
Pommes de terre.......................	200
Carottes.......................	275
Topinambours, rutabagas....................—.	300
Betteraves fourragères	350
Navets........................	450
Sons...........................	60
Avoine, orge, sarrazin ; tourteaux de colza ou de noix	50
Seigle ; vesce d'hiver.......................	45
Féverolles........................	40
Pois gris...........................	30
Tourteaux de coton.......................	25

Pour établir les rations d'après ce tableau, de manière à nourrir les bestiaux le plus économiquement possible, tout en variant la nourriture, on calcule le poids de chaque espèce d'aliment à donner, de manière que *l'équivalent total* en bon foin représente environ 1/30 du poids de l'animal. Ainsi un bœuf de 500 kil. devra avoir *l'équivalent total*, par jour, de 500 : 30 = 16^{k}600 au moins de bon foin.

On comprend aisément qu'il n'y a rien d'absolu dans ces chiffres, et que ces équivalents, comme ce poids journalier de nourriture représentent une approximation générale.

La ration d'hiver doit être différente de la ration d'été au point de vue de l'espèce des aliments : à partir du mois de mai, on dispose de fourrages verts, qui doivent entrer aussitôt que possible dans le régime quotidien, et remplacer les tubercules, les racines, etc.

Pour les animaux de trait, la ration de repos ne doit pas être aussi abondante que la ration de travail ; il faut donc tenir compte à la fois d'un grand nombre de données dans l'alimentation du bétail : du genre de produits que l'on recherche, de la saison où l'on est, de l'état même des animaux, enfin de la qualité des aliments dont on dispose.

Questionnaire. — Les animaux ont-ils des préférences sur la nourriture ? — Quel régime faut-il faire suivre au bœuf de travail, à la vache laitière, aux animaux à l'engrais ? — Faut-il les rationner ? — Les bestiaux vont-ils encore beaucoup aux pâturages ? Pourquoi ? — Parlez des boissons ? — Rappelez quelques équivalents nutritifs. — Quels sont les aliments les plus nourrissants ? — Règles à suivre pour établir une ration journalière.

Devoirs. — 1º *Problème :* — *On donne par jour à 6 vaches pesant en moyenne chacune 420 kilog. les 5/8 de la ration en foin sec, le 1/8 en paille d'avoine hachée, le 1 6 en betteraves hachées, et le reste en sons et tourteaux de colza. Calculer le poids qu'il faut de chaque matière d'après les équivalents nutritifs, pour une période de 12 jours*
2º *Discuter les avantages et les inconvénients de la stabulation permanente et de la stabulation temporaire.*

8e Leçon. — LA RACE BOVINE (Suite et fin).

SOMMAIRE. — Nécessité de l'élevage. — Procédés et soins hygiéniques.

Nécessité de l'élevage. — Mathieu de Dombasle disait: « Le bétail, c'est du foin qui prend des jambes, pour se porter lui-même au marché. » De son temps, et à une époque assez rapprochée de nous encore, l'élevage du bétail était en effet fort rémunérateur. Mais, depuis quelques années, la concurrence étrangère a fait baisser les prix dans une proportion assez forte. Cette concurrence est surtout active de la part de l'Angleterre, qui produit des animaux à engraissement précoce, et de la part de l'Amérique, où les pâturages ne coûtent presque rien, et d'où les viandes nous arrivent en conserves préparées de diverses manières.

Mais il ne faut pas se décourager : l'élevage, bien compris, peut encore rendre de grands services. Pourquoi, en effet, chaque cultivateur n'élèverait-il pas les bestiaux qui lui sont nécessaires au lieu de les acheter ? Pour qu'il les achète, il faut bien qu'on les produise quelque part, et si on les produit, c'est qu'on y trouve quelque avantage. Conservons cet avantage pour nous : c'est autant qui ne coûte rien. On objecte que cela dépense du fourrage. Mais un achat occupe de l'argent, et d'ailleurs, comme on le verra en parlant des récoltes fourragères, on peut se procurer pour les bestiaux des aliments en grande quantité, en y prenant peine. Il suffit de ne rien négliger.

Chacun peut et doit choisir, parmi les veaux, ceux qui lui semblent les plus propres à atteindre le but qu'il poursuit, en réservant les autres pour les vendre : c'est ainsi qu'on perfectionne les races, en prenant soin en même temps, de bien choisir les animaux reproducteurs. C'est ainsi, particulièrement, qu'on repeuplera le pays de cette excellente *race vosgienne*, qui a été si près de disparaître.

Procédés et soins hygiéniques. — L'élevage des bestiaux réclame une attention soutenue.

D'abord, la vache qui a vêlé demande des soins assidus : pendant une période de 15 jours au moins, sa boisson ne doit pas avoir une température inférieure à 24 ou 25° centigrades ; cette boisson doit être le premier jour émolliente et légèrement purgative, c'est-à-dire préparée avec de la graine de lin ou de l'orge bouillies. On la remplace ensuite par des soupes de farine de seigle, d'avoine, etc., qui sont plus réparatrices. Comme nourriture, on évite pendant la première semaine les tourteaux, le regain et l'herbe verte.

Le veau, immédiatement après sa naissance, est placé dans un lit de paille bien sèche, à côté de sa mère qui, avant le vélage, a dû être mise à l'écart, loin des courants d'air et d'une lumière vive. Si le veau doit téter, ce qui est le meilleur mode d'élevage, on lui fait prendre le pis au moins quatre fois par jour au début. Si on préfère le faire boire, on trait la vache quatre fois, on verse le lait immédiatement dans un vase réchauffé à l'eau bouillante, et on le donne au jeune veau. Il faut bien se garder de lui donner pendant les premiers jours, un autre lait que celui de sa mère : tout le monde sait en effet, que ce lait n'a pas la même composition qu'à l'ordinaire, et c'est précisément à cause de cette composition particulière qu'il est l'aliment le plus convenable à l'estomac du nouveau-né, parce qu'il est à la fois purgatif et léger.

Au bout de trois à cinq semaines, on laisse le veau boire seul au vase. D'habitude, on ne lui donne plus le lait, dès ce moment, que mélangé en quantités progressives avec des bouillies de farine de seigle, puis, plus tard, on y ajoute encore des infusions de foin, qui sont à la fois très nourrissantes et très économiques.

Si on veut l'engraisser rapidement, il faut continuer le régime du lait jusqu'au moment de la vente, qui se fait quand le veau a de 5 à 10 semaines. Depuis sa naissance, il a consommé en moyenne, par jour, de 12 à 15 litres de lait, mais si on a usé des boissons alimentaires, cette moyenne peut s'abaisser à 10 litres sans nuire à l'engraissement, et en procurant une sérieuse économie. Si le veau est destiné à l'élevage, on remplace peu à peu le lait par des soupes, comme on l'a déjà dit, à partir de la 6e semaine, et il se met bientôt à manger la même nourriture que les autres bestiaux.(1) Pendant toute la période de la croissance, la jeune bête demande une alimentation saine, fortifiante et abondante, le grand air, la vie aux pâturages si c'est possible; en un mot, tout ce qui contribue à donner un tempérament robuste sans amener l'embonpoint.

Questionnaire. — D'où vient la crise qui a fait baisser le prix des bestiaux?— Faut-il abandonner l'élevage? — Quels soins réclame la vache qui a vêlé? — Comment faut-il traiter le jeune veau ? — A quel âge et comment faut-il le sevrer? — Comment peut-on calculer ce qu'il a coûté à nourrir? — Économie à faire. — A quel âge peut-on vendre les veaux qu'on ne veut pas conserver?

Devoirs. — 1° *Composer une ration pour chacune des époques suivantes : janvier, avril, juillet, septembre. Poids de l'animal, 450 kilog.*

2° *Comparer dans une lettre, le système de repeuplement des étables par l'élevage, avec le système des achats.*

(1) L'élevage rationnel demanderait que l'on continuât le régime du lait pendant beaucoup plus longtemps, cinq ou six mois au moins.

9ᵉ Leçon. — LE CHEVAL

SOMMAIRE. — L'écurie. — De l'âge du cheval. — Quelques remarques —
Nourriture et boissons. — Travail comparé du cheval et du bœuf. — Hygiène
de la jument et du poulain. — L'âne et le mulet.

L'écurie. — Ce qui a été dit de l'installation de l'étable
doit être répété pour celle de l'écurie, qui est l'habitation
du cheval, en ajoutant que le cheval demande encore plus
de soins de propreté, d'aération, et qu'il est plus difficile
sur la nourriture, que les animaux de la race bovine. Il est
en effet d'un tempérament moins résistant, et d'une santé
beaucoup plus délicate.

Le pavé de l'écurie, d'après les remarques et les travaux
récents du lieutenant-colonel Hennebert, doit être *horizontal*. Les animaux en repos sur un sol incliné, prennent en
effet des habitudes d'équilibre qui nuisent à leur conformation générale, surtout dans le jeune âge. L'écoulement des
excréments liquides s'obtient par une rigole couverte qui
est creusée dans le pavage à l'arrière de chaque *stalle*, et
dont le couvercle est percé de trous ; elle aboutit au fossé
collecteur, qui mène les urines au dehors.

Les fenêtres sont disposées comme à l'étable, et restent
ouvertes en l'absence des animaux. Les volets, situés en
dehors, peuvent s'ouvrir à volonté. Ceux qui glissent sur
des rails sont les plus commodes.

Les dimensions de l'écurie sont à peu près les mêmes
que celles de l'étable, de manière que chaque cheval dispose d'environ 30 à 35 mètres cubes d'air.

La porte est large et haute ; le conducteur et son cheval
doivent pouvoir y passer aisément de front. Elle glisse sur
des rails, au lieu de former battant, et ferme exactement.

De l'âge du cheval. — Quelques remarques. —
La culture n'a pas besoin de *chevaux de luxe* ni de *chevaux
de selle*. Les chevaux *très gros* ne lui conviennent guère
non plus. Il lui faut plutôt une *race mixte*, qui soit à la fois
solide pour le trait, et passable pour la course et la selle.

Le bon cheval ne se reconnaît qu'à l'usage. Les caractères généraux qu'il doit présenter sont si difficiles à voir et
si compliqués, que les hommes qui passent leur vie avec les
chevaux s'y laissent tromper très souvent eux-mêmes. Ce-

pendant, il est certains signes qu'il faut absolument connaître.

L'âge du cheval se voit à la dentition. On observe pour cela trois choses : d'abord le *nombre des dents*, puis les *progrès de l'usure* qui fait disparaître peu à peu la cavité naturelle de la partie centrale de chaque dent, qu'on appelle *germe de fève* : enfin la *déformation des dents* qui, vers l'âge de 9 à 12 ans, passent de la forme ovale allongée de droite à gauche à la forme d'un triangle ayant son sommet en dedans de la bouche. Les dents *caduques* ou *de lait* sont complètement remplacées vers l'âge de 4 ans et demi ; c'est l'âge où le cheval a le plus de valeur ; mais les *maquignons* impatients avancent le moment de cette substitution en *arrachant ces dents* avant l'époque ; on reconnaît cette fraude parce que la dentition est alors irrégulière. Quand, au contraire, le cheval est trop vieux, ils le *contremarquent*, c'est-à-dire qu'ils creusent dans chaque dent une *cavité factice*, et qu'ils la *cautérisent* pour la noircir. Cette fraude se reconnaît par l'*absence d'émail* dans cette cavité.

Pour s'assurer de la vue d'un cheval, on peut le conduire à l'obscurité, puis le ramener à la lumière, en observant bien l'œil : si l'iris s'élargit graduellement en passant dans l'ombre, et se rétrécit à la lumière, il y a des chances pour que la vue soit bonne.

Les maquignons de mauvaise foi provoquent souvent un embonpoint factice du cheval en lui donnant de l'*arsenic*, ou bien en lui faisant manger de l'*ivraie* ou de la *jusquiame*. Après ce traitement, le cheval perd rapidement cet embonpoint avec la santé.

Ils adoucissent aussi quelquefois pour quelques heures, le caractère des chevaux vicieux en leur faisant boire de l'alcool, ce que l'on reconnaît aisément à l'haleine.

Il existe encore une foule d'autres remarques que l'on pourrait faire, mais elles ne renseignent que sur des détails. Il suffira, pour terminer ces indications, de dire que, lorsqu'on achète un cheval, il vaut mieux le choisir *déjà âgé mais encore robuste* que *jeune et fourbu*.

Nourriture et boisson. — Le cheval veut une nourriture substantielle. Elle se compose ordinairement de foin, de paille hachée, d'avoine ; on lui donne aussi quelquefois des racines fourragères, comme les carottes ; on évite toujours le regain, et surtout la paille d'avoine, qui *alourdit* sa respiration. Comme boisson, on ne lui donne guère que de l'eau.

La plus grande régularité est nécessaire dans la succession des aliments habituels de chaque repas, et dans le moment de l'abreuvage. La même régularité doit présider aux heures des repas.

Quelques personnes pensent qu'il vaudrait mieux concasser l'avoine avant de la donner ; mais on n'est pas encore fixé à ce sujet. Chacun, pour se rendre compte, peut faire des essais comparatifs sur le même cheval, soit au repos, soit au travail, en pesant les rations et en observant les résultats.

Travail comparé du cheval et du bœuf. — Le cheval n'est qu'un *animal de travail,* tandis que le bœuf est à la fois une *bête d'attelage* et de *boucherie.* Le cheval est plus rapide, plus actif, et son travail s'en ressent ; mais le bœuf est plus puissant et plus résistant. D'ailleurs on peut augmenter la vitesse du bœuf en modifiant le mode d'attelage : tous ceux qui l'ont attelé avec un collier approprié ont pu remarquer que son allure est transformée et rendue plus rapide. Les *Boërs du Transwaal,* au sud de l'Afrique, ont même des *bœufs de course* qu'ils préfèrent aux chevaux et qui vont aussi vite. Le cheval, à partir de l'âge de 5 ans, perd constamment de sa valeur, tandis que le bœuf de 3 à 8 ans ne fait qu'accroître ses qualités, et se prépare peu à à peu à l'engraissement. Enfin le travail du bœuf est plus régulier, plus uniforme.

Le cultivateur a donc intérêt à ne tenir que juste le nombre de chevaux qui lui sont nécessaires pour les transports rapides et les labours pressés ; pour tout autre travail, il doit préférer le bœuf, d'un rapport plus grand et d'un entretien plus facile.

La jument et le poulain. — L'élevage en grand du cheval, surtout du cheval de luxe, ne peut entrer dans les projets du cultivateur, à cause des dépenses énormes que nécessite l'installation d'un *haras.* Cependant, tout cultivateur qui possède une ou plusieurs juments ne peut se désintéresser de la production des poulains, et doit profiter des bénéfices qu'il peut trouver de ce côté. Dans ce but, il faut avant tout s'occuper du choix d'un *étalon* (1), et le prendre parmi les plus beaux de la race locale. Les croisements de race ne sont pas toujours avantageux quand ils ne sont pas suivis, et faits en vue d'une production déterminée.

La jument qui doit donner un poulain ne doit plus travailler, surtout pendant les derniers mois qui précèdent le terme. Lorsque le poulain est né, elle réclame des soins attentifs : lumière modérée, température douce, boisson tiède, aliments choisis et appropriés à son état, peu d'avoine qui échauffe, et, pour la remplacer, des carottes et des betteraves qui favorisent la sécrétion du lait.

Le poulain tette pendant huit ou dix mois environ. Pour le sevrer, ce qui se fait toujours progressivement, on lui donne du son, du foin et de la paille par quantités croissantes, mais pas d'avoine avant qu'il commence sa troisième année. Il ne doit jamais aller paître à jeun, et doit avoir bu au moins une heure avant. Il a besoin d'un exercice modéré, qui soit pour lui une *gymnastique* peu pénible et graduée ; c'est ainsi que ses forces se développent, et qu'il s'habitue peu à peu aux travaux auxquels on le destine.

Mais il arrive souvent que, pour vouloir en tirer parti trop tôt, on l'épuise ; c'est alors une perte *irrémédiable*, et d'autant plus forte que l'animal aurait été plus parfait.

L'âne et le mulet. — L'*âne*, de la même *famille* que le cheval, est beaucoup plus petit; mais il est bien plus sobre, plus patient et plus résistant. Traité convenablement, il est loin d'être rétif et têtu, et s'attache beaucoup à son maître. Il est capable de rendre des services importants pour les petits transports.

Le *mulet*, produit de l'âne et de la jument, réunit les qualités de force, de vivacité du cheval, à la patience, à la sûreté du pied, à la sobriété, et au tempérament robuste de l'âne. Malgré ces qualités, l'emploi de l'un et de l'autre de ces animaux est très restreint dans les Vosges.

Questionnaire. — Parlez de l'installation des écuries. — Que faudrait-il observer plus particulièrement, au sujet du sol ? — Comment peut-on reconnaître l'âge du cheval ? — Quelles fraudes font quelquefois les maquignons ? — Que faut-il observer dans la nourriture et les boissons du cheval ? — Comparez le travail du cheval et du bœuf. — Comment élève-t-on les poulains ? — Donnez les qualités de l'âne et du mulet.

_____

(1) Une commission, nommée par le gouvernement, détermine à époque fixe, dans chaque région, les chevaux entiers qui seuls pourront servir d'*étalons*.

Devoir. — *Carte de France, d'après un croquis au tableau ; y indiquer les lieux où se trouvent les races principales de chevaux et de bœufs. Y placer aussi les pays producteurs d'ânes et de mulets.*

LECTURES. — *Le Cheval ; le Bœuf (Buffon).* — *Résumés oraux ou écrits.*

10ᵉ LEÇON. — LE MOUTON, LA CHÈVRE

SOMMAIRE. — § 1ᵉʳ La bergerie et le mouton. -- Races de moutons. -- Le berger. -- Elevage -- Maladies. -- § 2 La chèvre.

§ 1ᵉʳ. La bergerie. — La bergerie doit être assez spacieuse pour que chaque mouton dispose de 6 à 8 mètres cubes d'air, et d'environ deux mètres carrés de surface. Cependant, on trouve rarement des bergeries où il y ait tant d'espace. Les mêmes soins d'aération et de propreté que l'on donne aux autres bestiaux, doivent être donnés aussi aux moutons.

Les portes larges sont les plus commodes ; les moutons y passent plus aisément en grand nombre sans se presser trop les uns contre les autres.

On emploie pour le *parcage* dans les champs, divers systèmes de barrières ; tous ont leurs partisans. Les meilleurs sont ceux qui s'installent le plus vite et à moins de frais.

Le mouton. — On divise les moutons en deux catégories assez distinctes : les *moutons à laine fine* et les *moutons de boucherie*. Au dire de beaucoup d'agronomes, aucune race ne présenterait à un degré suffisant les deux aptitudes à la fois. D'autres agronomes pensent au contraire que les moutons sont plus ou moins aptes à prendre l'embonpoint, non à cause de la race à laquelle ils appartiennent, mais surtout à cause du régime suivi pendant leur jeune âge. D'après ces derniers, les pâturages maigres des pays montagneux favoriseraient la production des laines fines, tandis que les moutons à engraissement rapide, dont la laine est grossière, seraient l'apanage des pâturages abondants et des terres fertiles. Il y aurait donc des essais à faire dans l'élevage, pour s'assurer des avantages de chaque race, suivant le climat et le régime.

Quoi qu'il en soit, c'est la race appelée *Mérinos*, qui jouit à bon droit de la meilleure réputation pour la production de la laine fine. Les races qui en dérivent sont aussi fort estimées ; les principales sont : le *Mérinos de Rambouillet*, le *Mérinos Mauchamp* et les *Mérinos de croisements anglais*. Ces races sont d'une santé assez délicate. Les troupeaux élevés pour la boucherie sont toujours plus robustes, mais leur laine est grossière, non frisée, et ne peut servir qu'à la fabrication des feutres et des étoffes les plus communes.

Entre ces deux catégories de moutons, il existe un certain nombre de variétés qui ont des aptitudes moyennes. Leur laine est moins fine que celle des Mérinos, mais elles prennent plus aisément l'embonpoint.

Nourriture. — Pendant tout l'été, le mouton vit presque exclusivement au pâturage. En hiver, il s'accommode très bien d'une nourriture composée de fourrages secs, de racines et de tubercules. Certains praticiens affirment que l'on pourrait maintenir le mouton en stabulation permanente toute l'année, pourvu que la bergerie soit parfaitement aérée en tout temps, et qu'on y évite avec soin les sauts brusques de température ; cette méthode permet de recueillir tout le fumier produit.

Les moutons à l'engrais prennent plus rapidement l'embonpoint lorsque, assez souvent, surtout dans les temps humides, on ajoute du sel à leur nourriture. Comme aux autres bestiaux, on leur rend ainsi agréables certains aliments qu'ils rebuteraient, comme les pailles hachées et les fourrages qui ont subi un commencement d'altération.

Élevage. — L'élevage du mouton est une source de beaux bénéfices pour qui sait le conduire. Mais lorsqu'on ne le pratique pas soi-même, il exige un berger adroit, intelligent, expérimenté et instruit, qui aime son troupeau, et qui, autant qu'on le peut, soit intéressé à son succès.

Les brebis, avant le terme, réclament les plus grands soins : elles craignent les intempéries, les fatigues, les secousses violentes ; il est donc nécessaire de les faire pâturer à part, près de la ferme, et de les tenir à l'écart, dans la bergerie, pour que les autres animaux ne les incommodent pas. Elles veulent une nourriture saine et abondante, qui cependant ne les porte pas à l'embonpoint.

Les agneaux se sèvrent vers deux mois ou deux mois et demi, selon leur force. On procède graduellement, et on les habitue peu à peu à s'éloigner de leur mère et à manger seuls.

On connaît l'âge du mouton à sa dentition : à 5 ans, toutes les dents caduques sont tombées, et sont remplacées par huit larges incisives. Plus tard, les dents s'usent sur leur bord tranchant, et s'allongent.

Maladies du mouton. — Les maladies du mouton sont nombreuses ; mais elles proviennent pour la plupart du défaut de propreté, de la mauvaise qualité de la nourriture et des intempéries. Les pâturages marécageux ou seulement humides sont surtout redoutables.

Le berger doit être capable de soigner lui-même quelques-unes des maladies les plus fréquentes : ainsi, il doit savoir *vacciner* contre la *clavelée*, qui est contagieuse et analogue à la petite vérole. Il doit connaître les remèdes usuels contre la *gale*, le *piétin*, etc. Quant à ce qui concerne le *charbon*, si terrible qu'il emporte des troupeaux entiers en quelques jours, les précautions doivent toujours être prises à l'avance, et tout le troupeau *vacciné* par les soins du *vétérinaire* (1).

§ 2. **La chèvre.** — La chèvre est un *ruminant* qui se rapproche du mouton, mais qui n'en a ni la stupidité ni le tempérament délicat. La chèvre donne un lait estimé surtout pour la fabrication de certains fromages, et recommandé aux personnes anémiques, comme une nourriture saine, légère et fortifiante. On s'accoutume aisément au goût particulier de ce lait.

La chèvre n'est élevée que dans les parties les plus pauvres de la montagne, où elle remplace la vache. Elle est très sobre, mais capricieuse, et elle aime les pâturages maigres où elle trouve à brouter les jeunes pousses de bruyères, de genêts, de genièvre, et en général de jeunes arbres.

Questionnaire. — Comment installe-t-on la bergerie et le parcage ? — Quelles sont les diverses sortes de moutons ? — Comment nourrit-on les moutons en été et en hiver ? — Quel effet le sel produit-il sur leur santé ? — Parlez de l'élevage du mouton ? — De quelles maladies peut-il être affecté ? — Dites à quoi sert la chèvre.

Devoir. — *Les usages de la laine.*

---

(1) C'est *M. Pasteur* qui a découvert le moyen de *prévenir* ces maladies par *l'inoculation* de leur propre virus atténué.

11e Leçon. — LE PORC. — LES MALADIES DES BESTIAUX.

SOMMAIRE — § 1. Le porc. — La loge ou réduit. — Propreté. — Elevage. — Nourriture et engraissement. § 2. Les maladies des bestiaux. — Le vétérinaire et l'empirique.

§ 1. Le porc. — On combat en vain depuis longtemps le préjugé d'après lequel beaucoup de personnes disent que le porc aime la boue et la malpropreté. Des expressions et des proverbes employés partout en témoignent. Cependant, il n'est guère d'animal pour rechercher l'eau avec plus de passion. S'il ne trouve pas d'eau propre pour se baigner, il va dans la boue, ce qui ne fait qu'augmenter le besoin qu'il a de se laver. Près de la porcherie, il faut donc autant que possible, ménager un bassin peu profond où arrive l'eau courante.

La loge des porcs ne demande pas grands frais; quelques mètres carrés de surface suffisent. On la place dans un coin du hangar pour l'été, et à l'étable ou dans un autre endroit chaud mais bien aéré pour l'hiver, car le porc craint également les températures extrêmes, Sa loge doit être munie d'un plancher à claire-voie, avec un coin plus élevé, toujours garni de litière fraîche. Il a soin lui-même de ne pas déposer ses excréments dans cette litière, qu'il faut cependant renouveler souvent.

L'auge, faite de pierre ou de fonte, si on le peut, est installée de façon qu'on puisse la remplir sans pénétrer dans la loge. Elle doit être bien lavée après chaque repas.

Les truies peuvent faire deux portées par an, l'une au printemps, l'autre à l'automne, de chacune 8 à 12 petits. Quelques jours avant le terme, chaque mère est enfermée dans une loge munie d'un compartiment où les gorets seuls peuvent entrer pour y prendre leur supplément de nourriture, qui consiste en lait tiède, et qui leur est nécessaire à partir de la 3me semaine. Quant à la truie, plus les petits grandissent, plus sa nourriture doit être abondante et substantielle.

Sitôt que les porcelets sont en état de marcher, on les lâche tous les jours dès le matin: autant les moutons craignent l'herbe mouillée de rosée, autant les porcs aiment à courir à ce moment, et s'en trouvent bien. En été, il est bon de leur faire prendre un bain, en leur faisant traverser une eau courante, avant le repas de midi. Au bout de deux mois, les petits ont été sevrés graduellement ; on leur donne alors, en dehors des pâturages, du petit lait, un peu de son, des racines cuites ; plus tard, on ajoute un peu de farine, les eaux de vaisselle, etc.

Le sevrage terminé, la truie est séparée de ses petits, et préparée pour la portée suivante.

Deux systèmes sont en présence pour l'engraissement des jeunes porcs destinés à la consommation. Ou bien, comme dans nos régions, on les engraisse à partir du sevrage, pour les tuer à l'âge de dix mois à un an, ou bien, lorsqu'on dispose de pâturages à proximité, on les y laisse grandir, pour ne commencer l'engraissement qu'à partir du dixième mois. Afin de le rendre plus rapide, on ajoute toujours un peu de sel à la nourriture liquide, ce qui excite fortement l'appétit de l'animal, et active d'ailleurs la digestion. Il est bon, pendant cette période, de varier la nourriture autant qu'on le peut, pour ne pas provoquer le dégoût.

Il existe beaucoup de races diverses de porcs. Celle qu'on rencontre le plus communément dans les Vosges, est la *race lorraine* peu précoce, mais assez robuste. Les *races anglaises améliorées*, donnent des animaux énormes et d'un engraissement très rapide ; elles devraient toujours être préférées, à cause de leur rendement supérieur. Les meilleures races sont celles dont le corps est rond et court, la tête courte, les os très petits ; en général, ces races n'ont pas la queue en tire-bouchon.

§ 2. **Les maladies des bestiaux.** — La loi du 29 juillet 1884 a prévu le cas où des bestiaux seraient vendus pendant qu'ils sont affectés de maladies cachées, et elle a déterminé celles qui peuvent *rendre nul le marché*. C'est ce qu'on appelle les vices *redhibitoires*. L'action en justice est réglée, pour les poursuites à exercer dans ce cas contre le vendeur, par les articles 1641 et suivants du code civil.

Ces maladies sont : 1° pour le cheval, l'âne et le mulet : la *morve*, le *farcin*, l'*immobilité*, l'*emphysème*, le *cornage chronique*, le *tic*, *avec ou sans usure des dents*, les *boiteries anciennes intermittentes*, la *fluxion périodique des yeux* ;

2° Pour les moutons, la *clavelée* ;

3° Pour les porcs, la *ladrerie*.

On a un délai de 9 jours, après la date de la livraison, pour intenter le procès en action redhibitoire. Pour la fluxion des yeux, le délai est de 30 jours. L'acheteur doit demander au juge de paix dans ce délai, la nomination d'experts chargés de dresser procès-verbal.

La loi du 21 juillet 1881 a aussi prévu les précautions à prendre contre les maladies *contagieuses,* elle a déterminé celles qui présentent ce caractère, et elle a réglementé les mesures qui doivent être prises, en mettant en cause la responsabilité : 1° du *propriétaire* des animaux, qui doit déclarer la maladie au *Maire* ; 2° du Maire, qui doit faire visiter le troupeau par un vétérinaire et faire un rapport au *Préfet* ; 3° du Préfet, qui doit prendre les mesures pour arrêter les progrès de l'infection.

Les maladies réputées contagieuses par la loi sont :

1° Pour toutes les races, la *rage* et le *charbon*.

2° Pour tous les ruminants, la *peste bovine*.

3° Pour la race bovine seule, la *péripneumonie*.

4° Pour les moutons et les chèvres, la *clavelée* et la *gale*.

5° Pour tous les ruminants et les porcs, la *fièvre aphteuse*.

6° Pour les chevaux, les ânes et les mulets, la *morve*, le *farcin* et la *dourine*.(1)

Lorsqu'une étable ou une écurie est envahie par une maladie contagieuse, il faut aussitôt isoler les animaux atteints, vider le local complètement, l'assainir par les moyens qu'indique le vétérinaire et qu'exige la loi, abattre les animaux que l'on ne peut sauver et détruire leurs débris soit par le feu, soit par l'acide sulfurique. On peut aussi les enfouir dans une couche de chaux vive. On les enterre ensuite profondément.

Le vétérinaire et l'empirique. — Est-il besoin, à la fin du XIXᵉ siècle, de combattre la croyance aux *sorciers*, aux *guérisseurs*, aux *empiriques* de toutes sortes ? On en trouve encore pourtant, et ce qu'il y a de plus curieux, on trouve des gens qui, malgré tout, les préfèrent aux vétérinaires pour soigner leurs bestiaux. A ceux-là, il n'y a rien à dire ; rien ne détruira cette confiance absurde qui a sa source dans l'ignorance et dans la superstition, quelquefois

---

(1) Un décret du 20 juillet 1888 a ajouté à la nomenclature de ces maladies, pour l'espèce bovine : le *charbon symptomatique* ou *emphrysemateux* et la *tuberculose ;* pour l'espèce porcine : le *rouget* et la *pneumo-entérite infectieuse*.

même dans des idées d'économie mal entendue. Aux autres, qui savent que le vétérinaire *seul* a fait des études spéciales, et qu'il est *seul* reconnu par la loi, il n'est pas besoin de recommander d'y recourir aussitôt que le danger se fait sentir.

Questionnaire. -- Le porc aime-t-il la propreté ? - Comment faut-il installer la logé ? -- Comment élève-t-on et comment engraisse-t-on les porcs ? -- Quelles sont les maladies qui peuvent faire annuler un marché ? -- Quelles précautions faut-il prendre contre les maladies contagieuses ? -- Quelles sont ces maladies ? -- Parlez du vétérinaire et de l'empirique.

Devoirs. — *1o Les usages des différentes parties du porc : soies, intestins, chair, graisse, pieds, os, etc.*

2o Comment conserve-t-on la chair du porc ? – Dire les précautions et les soins qu'il faut prendre pour bien réussir cette conserve.

CHAPITRE III

LE LAIT, LE BEURRE, LE FROMAGE

12ᵉ Leçon. — LE LAIT ET LE BEURRE

SOMMAIRE.— § 1. Le lait. - Sa composition. - Ses modifications naturelles. -- La laiterie -- § 2. Le beurre. Ce qu'il est et ce qu'il devrait être. -- La fabrication. -- Soins à prendre dans cette fabrication. -- Leur influence sur la qualité. - Conservation du beurre. - Le lait écrémé et le lait battu.

§ 1ᵉʳ. **Le lait.** — Après que les veaux sont vendus ou sevrés, la vache continue à donner du lait jusqu'à ce qu'elle approche du temps où elle doit de nouveau vêler. On utilise ce lait de plusieurs manières, soit en le vendant pour la consommation journalière, comme cela se fait près des villes et des centres industriels, soit en fabriquant du beurre ou du fromage.

Cette fabrication se fait dans la *laiterie*, qu'on appelle aussi, suivant les cas, *crèmerie* ou *fromagerie*.

Sa composition. — Le lait est un liquide de couleur blanche, qui forme un *aliment complet*, c'est-à-dire qui renferme tous les éléments nécessaires à l'entretien et au développement du corps. Il se compose principalement d'*eau*, d'une matière grasse appelée *beurre*, d'une matière *azotée* appelée *caséine* ou *caséum*, d'une matière sucrée, appelée *sucre de lait* ou *lactine* et de divers *sels* solubles ou insolubles, comme les *phosphates de chaux*, de *potasse*, de *soude*, de *magnésie*, de *fer*, des *chlorures de potassium* et de *sodium*, du *carbonate de soude*, des composés du *soufre*, etc. Le tableau suivant indique la proportion des principales de ces matières, dans le lait de vache et le lait de chèvre.

	Vache	Chèvre
Eau.................................	87,4	82,0
Beurre'.............................	4,0	4,5
Sucre de lait et sels solubles	5,0	4,5
Caséum et sels insolubles	3,6	9
Totaux.......	100,0	100,0

Ses modifications. — Si on laisse le lait à lui-même pendant longtemps, il abandonne la matière grasse, qui vient surnager à la partie supérieure, sous le nom de *crème ;* puis le *caséum* se *caille*, c'est-à-dire qu'il se prend en une masse presque solide et blanche. En cet état, il a emprisonné le reste des matières grasses demeurées en suspension, et les sels solubles et insolubles. Si on le coupe alors par morceaux, le caillé laisse écouler la plus grande partie de l'eau qu'il renferme ; cette eau entraîne avec elle les sels solubles et le sucre, et forme ce qu'on appelle le *petit-lait.*

La laiterie. — Le lait est très délicat ; il craint une température élevée et irrégulière ; il craint les vibrations produites par les voitures qui font trembler l'air et les vitres ; il craint surtout la malpropreté et les mauvaises odeurs, qui le font aigrir rapidement. La laiterie doit donc être située et construite de manière à écarter tous ces dangers.

L'exposition vers le nord ou le levant est la meilleure, afin d'éviter les grandes chaleurs, et les variations brusques de température. Elle doit être voûtée lorsque c'est possible. A défaut de local spécial, on peut l'installer dans une cave pendant l'été. Elle doit être loin des chemins où passent les voitures, loin des étables et des fumiers, qui, malgré tous les soins, dégagent toujours des odeurs pernicieuses pour le lait.

§ 2. Le beurre. — Le prix du beurre est trop faible dans notre département, et trop peu rémunérateur pour qu'on y consacre tout le lait de la ferme. Il faut en effet, de 20 à 25 litres de lait en moyenne, pour fabriquer 1 kil. de beurre. Si on estime le litre de lait à 0 fr. 12, il faudra donc vendre le kilog. de beurre au moins 2 fr. 50 pour que cette industrie soit rémunératrice. Or, il n'atteint que rarement ce prix, qui pourrait être dépassé, cependant, si, au lieu de le fabriquer avec peu de soin, comme on le fait, on voulait essayer de le produire en vue de la *consommation sur table,* comme ceux de Normandie, de Bretagne, de Hollande, etc., qui sont si estimés. Mais alors, il faudrait lui donner les soins de fabrication que l'on ne lui ménage pas dans ces pays.

Ce qu'il est ; ce qu'il devrait être. — Sa fabrication. — Dans les Vosges, on met à part, pour lever la crème, tous les laits, presque sans distinction. A peine remarque-t-on si le lait de telle vache est plus gras que celui de telle autre ; et en général on ignore que celui qu'on trait le premier est le moins riche en matières grasses. Puis on attend quelquefois 2 ou 3 jours avant de lever la crème, si bien que le lait s'est aigri et s'est caillé dessous ; on mêle la plus jeune avec la plus ancienne sans distinction et parfois on passe une semaine et plus avant de la baratter. La crème s'aigrit ainsi, mais bien peu de ménagères s'en inquiètent, comme si cette crème aigrie pouvait donner autre chose qu'un beurre âcre, et déjà à moitié ranci. Enfin, on jette cette crème dans la baratte, on la réchauffe ou bien on la refroidit d'une manière approximative, et souvent au cours même du barattage, sans trop se rendre compte des résultats. On n'a encore, pour ce barattage, dans bien des ménages, que la baratte que nos ancêtres les Gaulois employaient déjà. Nous n'avons, paraît-il, pas fait de progrès de ce côté.

Le beurre obtenu de cette manière est ensuite passé un peu à l'eau fraîche. Quand il est destiné à la vente, on ne se fait même pas toujours scrupule d'y enfermer le plus qu'on peut de lait battu ou petit lait : cela fait du poids !

Il ne faut pas s'étonner, après une fabrication aussi peu soignée, de voir le beurre se rancir rapidement, et n'atteindre que rarement le prix de 2 fr. 50 le kilogr.

En Bretagne, en Hollande, en Danemarck, en Suède, etc., au lieu de laisser à la crème le temps de se lever, on l'extrait immédiatement au moyen d'une machine appelée *écrémeuse* et on la baratte aussitôt.

En Normandie, après la traite, on filtre soigneusement le lait, on le met dans des terrines peu profondes et évasées que l'on place dans l'endroit le plus calme et à une température d'environ 8 ou 10 degrés; on lève la crème au bout de 24 heures, et on a bien soin de ne jamais la laisser vieillir avant le barattage. Sitôt levée, on la met dans un lieu bien frais, on la remue souvent avec une cuiller de bois, et on ne mêle jamais les crèmes d'âge différent avant le moment de faire le beurre; la plus ancienne crème n'a jamais plus de deux jours.

Le barattage se fait d'habitude à une température qui varie entre 8 et 12 degrés, suivant la saison. Diverses barattes sont en usage. Celle qui a la forme d'un baril muni à l'intérieur d'ailettes mues au moyen d'une manivelle, est une des plus employées, et donne de bons résultats. Elle commence à se répandre aussi dans notre région.

Soins à prendre. — Lorsque le beurre est séparé du *lait battu* ou *babeurre*, il est rassemblé en mottes, égoutté soigneusement, comprimé entre deux planchettes, lavé à grande eau plusieurs fois, et en même temps pétri à l'aide de spatules de bois. (1) Toutes ces opérations ont pour but de chasser le plus complètement possible le lait et le caséum que le beurre peut emprisonner.

C'est à la jeunesse de la crème et à la perfection de ces manipulations et de ces lavages, qu'il faut attribuer la bonne qualité des beurres normands et bretons et la petite quantité de caséum qu'ils contiennent, tandis que dans les nôtres, la proportion de ce caséum dépasse parfois 15 p. 0/0. C'est ce qui les fait rancir si vite.

Conservation des beurres. — Les beurres se consomment *frais* ou *salés*, ou *cuits*. Frais, on les vend immédiatement. Pour les saler, en Normandie, on emploie plusieurs moyens. Pendant le pétrissage, on ajoute par kilog. de beurre, environ 60 grammes de sel fin; ou bien comme en Hollande, on ajoute le sel au lait avant le barattage à raison de 100 gr. par kilog. de beurre à obtenir. Tout le sel ne se mêle pas au beurre, mais le mélange est beaucoup plus intime.

(1) Certains industriels, qui fabriquent le beurre par grandes quantités, font toutes ces opérations avec des machines.

Tout le monde connaît la cuisson du beurre, qui a pour but d'en permettre la conservation prolongée. Cette cuisson a pour résultat de le débarrasser complètement du caséum et du lait; mais aussi elle lui enlève son arôme.

Le lait écrémé peut être employé à divers usages; ou bien on en fait du *fromage maigre* qui, frais, se vend quelquefois sous le nom de *fromage blanc*; additionné de crème, c'est le célèbre *fromage à la pie*; ou bien on l'utilise pour l'élevage et l'engraissement des bestiaux, surtout des porcs. Le lait battu est aussi employé à ce dernier usage.

Questionnaire. -- Quelles sont les matières qui composent le lait? -- Quelles transformations subit le lait laissé à lui-même? --- Parlez de l'installation de la laiterie. --- Fait-on de très bon beurre dans notre région? -- Comment s'y prend-on? -- Comment fait-on le beurre en Normandie? -- Quels soins réclame le beurre après le barrattage? -- Dites comment on conserve les beurres. -- Que fait-on du lait écrémé et du lait battu.

Devoir. — PROBLÈME. -- *Une fermière a vendu au marché 7 kilog. 1/2 de beurre. Elle en a obtenu le prix de 0 fr. 90 par 1/2 kilog. Quelle perte a-t-elle subie, sachant qu'elle aurait pu vendre son lait à raison de 0 fr. 15 le litre, qu'il faut 22 litres de lait pour faire un kilog. de beurre, et que le lait battu vaut à peu près la demi-journée perdue et les dépenses du voyage.*

13° LEÇON. — LE FROMAGE.

SOMMAIRE. -- Le Géromé. Sa dépréciation. Moyens d'y remédier. -- Les fruitières. -- Instruments; présure. -- La fabrication. -- Le séchoir et la cave. -- Soins de propreté. -- Le Limbourg et le Munster. — Le Brie. -- Les autres fromages.

Le Géromé. Sa dépréciation. Moyens d'y remédier. — Le *fromage des Vosges,* connu dans le commerce sous le nom de *Géromé* ou de *Gérardmer,* a subi, depuis quelques années une dépréciation considérable, qui provient de causes diverses; les cultivateurs les plus éclairés sont d'accord pour attribuer cette dépréciation 1° à la *mauvaise fabrication générale,* qui entraîne et absorbe la réputation de tous; 2° au *régime d'achat et de vente,* qui existe entre le producteur et le consommateur (1); et 3° à la *concurrence* faite par les autres fromages, dont la fabrication n'a pas cessé de faire des progrès.

(I) Voir *le Géromé devant le progrès* par Clément Perrin, et la *Question fromagère Vosgienne* par L. Colin.

Les remèdes naturels sont indiqués par ces causes mêmes : il faut fabriquer mieux ; il faut que chaque producteur consciencieux *marque ses produits,* afin de les faire reconnaître par le consommateur ; enfin, il faut que la pâte et la forme soient améliorées de manière à faire du Géromé un *fromage de luxe* en petits pains, sans pour cela abandonner complètement la fabrication des gros pains destinés à la consommation courante.

Les fruitières. — En Suisse, en Franche-Comté, et dans les pays où l'on fabrique le Gruyère, des *sociétés coopératives,* appelées *fruitières,* se sont établies pour exploiter cette fabrication en grand, et d'une manière économique. Le lait est envoyé après chaque traite chez le *marcaire* chargé de la fabrication ; on se partage les bénéfices à proportion du lait fourni. Le marcaire est choisi par la société et payé par elle.

Dans quelques régions de la Lorraine, un autre système s'est établi. Le marcaire, au lieu de dépendre d'une association, achète le lait frais à raison de 0 fr. 10 à 0 fr. 14 le litre pour fabriquer à ses risques et périls. Il rend ordinairement la moitié du petit-lait obtenu.

Dans un cas comme dans l'autre, les *manipulations sont toujours plus uniformes ;* les fromages, une fois la marque connue, sont bien mieux appréciés et bien mieux vendus, parce qu'on est sûr de leur qualité, et le cultivateur n'a pas l'embarras de la fabrication.

Instruments ; présure. — La fabrication du bon fromage demande un outillage particulier, des connaissances pratiques spéciales, et des soins assidus et minutieux de propreté et d'entretien.

Les ustensiles indispensables sont : un *filtre ;* un grand vase ou *chaudron,* ordinairement de laiton ; un *bassin* de métal, percé de petits trous ; une *spatule* ou grosse cuiller de bois ; un grand *couteau de bois* pour couper le caillé régulièrement ; un *saloir,* un *plateau* de bois dur pour broyer le sel, des *formes,* plutôt de tôle galvanisée que de bois, de diverses grosseurs et de diverses hauteurs, etc.

Le choix des *moules,* qu'on appelle *formes,* parce qu'ils donnent la forme au fromage, est fort important ; en général, on n'aime pas les gros fromages, parce qu'ils s'affinent mal ; les fromages plus petits, pesant de 200 gr. à

1 kilog., *cylindriques* ou *carrés*, et peu épais, sont toujours préférés par les consommateurs et par les marchands au détail, malgré leur prix plus élevé.

Un choix plus important encore, est celui de la *présure*. Celle qu'on emploie d'habitude, et que les ménagères font elles-mêmes, avec la *caillette* du jeune veau, a une odeur nauséabonde et repoussante qui se communique forcément au fromage et lui donne cette saveur forte et désagréable qui répugne presque à tout le monde. Il faut ou fabriquer la présure de manière qu'elle ne se corrompe pas, ou se décider à employer les présures du commerce, très avantageuses, à cause de la fixité de leur énergie.

On peut fabriquer soi-même une bonne présure de la manière suivante: Faire infuser 3 caillettes bien sèches, bien nettoyées et coupées en morceaux dans 2 litres d'eau salée avec 400 gr. de sel ; boucher ; agiter tous les jours pendant 8 jours ; ensuite filtrer cette eau pour la recueillir; la remplacer par 1 litre d'eau salée, boucher de nouveau et agiter tous les jours pendant 3 jours. Filtrer aussi ce liquide et l'ajouter à celui qu'on a obtenu dans la première opération. Ajouter $1/_{50}$ d'alcool, pour prévenir toute altération, et boucher hermétiquement. Il faut environ 5 centimètres cubes de cette présure pour faire cailler 10 litres de lait en 35 ou 40 minutes (1).

La fabrication. — Le lait filtré immédiatement après la traite, est versé aussitôt dans le grand vase ou *chaudron* qui vient d'être lavé à l'eau bouillante, passé à l'eau fraîche et séché rapidement. Quand le lait a une température de 30 degrés environ, indiquée par le *thermomètre centigrade, dont on doit se servir de toute nécessité,* on mélange la présure au lait d'une manière très intime. Lorsque la coagulation est terminée, c'est-à-dire après moins d'une heure, on coupe le caillé dans les deux sens, très régulièrement, avec le bassin, ou mieux avec le couteau de bois, et on le fait *virer* doucement, à plusieurs reprises, afin de faciliter l'écoulement du *sérum* ou petit-lait. Si le caillé est coupé trop gros, il s'égoutte mal ; s'il est broyé, il s'en perd davantage, et le fromage est trop sec. Les tranches doivent avoir une épaisseur moyenne de deux ou trois centimètres. On

(1) Recette donnée dans le *Géromé devant le progrès* (Clément Perrin).

comprime légèrement le caillé au moyen du bassin percé de trous et du bassin de bois qu'on charge d'un poids léger ; *le petit lait est enlevé très souvent.* Au bout de 3 à 5 heures, suivant la température, le lait caillé a acquis assez de consistance pour être mis dans les *formes* ou moules. Cette opération doit se faire en une seule fois. C'est pendant la mise en forme qu'on introduit dans la pâte le *cumin* (carum carvi), qui produit le *fromage anisé.*

Les formes qu'on emploie d'abord ne servent qu'à recevoir le caillé frais ; elles sont assez hautes et même munies de *hausses* ; elles sont aussi percées de trous. Pour plus de précaution, on peut munir ces formes, à l'intérieur, d'un linge fin, qui favorise l'écoulement de l'excès du petit-lait, et moule mieux le fromage. (1) On peut aussi employer pour le même objet des cagets de jonc ou de paille. On comprime parfois un peu le caillé dans la forme pour accélérer cet écoulement.

Au bout d'une demi-journée environ, le fromage est assez ferme pour être changé de moule, et retourné. A partir de ce moment, on enlève les linges ou les cagets, et on retourne les pains 2 fois par jour, pendant plusieurs jours, en remplaçant chaque fois les moules qui viennent d'être vidés, par d'autres, bien nettoyés et bien secs. Ces pains sont, dès ce moment, assez solides pour conserver définitivement leur forme.

L'égouttage est alors à peu près terminé. De sa perfection dépend la qualité du fromage. S'il a été trop rapide, la pâte est sèche et sans saveur ; s'il a été trop lent, elle demeure molle et sans consistance. La température, pendant toute cette période, n'a pas dû être inférieure à 13° ni supérieure à 16° ou 17°, car l'égouttage est retardé par le froid et accéléré par la chaleur. La fromagerie doit donc avoir une température constante, et être munie d'un thermomètre.

Les fromages bien égouttés sont ensuite salés. Pour cela on les frotte de sel fin, d'abord sur un bout et tout autour ; puis, au bout de 12 heures, on les retourne et on sale l'autre bout de la même manière. C'est la pratique seule qui peut enseigner la quantité de sel nécessaire.

(1) On emploie aussi des formes métalliques *sans fond*, qu'on pose sur un petit paillasson de paille ou de jonc.

Le séchoir et la cave, — Ils sont ensuite portés au *séchoir*. Le séchoir est un lieu frais, situé à l'ombre et au grand air; les fromages y sont posés sur des planchettes ou sur des claies où ils achèvent de se ressuyer. On ne les y laisse que deux ou trois jours, si le temps est sec. C'est là qu'ils se couvrent d'une sorte de moisissure blanche qui commence leur *affinage*. Il ne faut pas laisser cette végétation se produire trop longtemps, car les fromages prendraient *le bleu*; c'est pourquoi on les retourne tous les jours et on les frotte légèrement partout pour l'arrêter. Plusieurs autres sortes de moisissures succèdent à celle-là, l'une après l'autre, à la *cave*, où l'on porte ensuite le fromage.

La *cave à fromages* ne doit pas renfermer autre chose; il la faut fraîche et obscure, ni trop sèche ni trop humide. Les fromages s'y conservent d'autant mieux que la température y est plus basse. Les rayons où ils sont posés doivent être lavés souvent; les pains sont retournés tous les jours, et surveillés de près, pour enlever les œufs que les mouches peuvent y déposer. Ce sont ces œufs qui deviennent des *vers* ou *larves*. Au bout de trois à quatre semaines, les fromages commencent à prendre une belle couleur rousse, et ils sont prêts à être livrés au commerce.

Soins de propreté. — Tout le monde sait combien les soins de propreté doivent être attentifs et minutieux dans toute cette fabrication. S'il reste des parcelles de caséum après les vases ou les formes, ces parcelles s'aigrissent rapidement, et communiquent aux fromages et à l'atmosphère même de la fromagerie une odeur particulière. Pour l'éviter, il faut, chaque fois qu'un vase a servi, le passer à l'eau bouillante, et le laver à la brosse. Il faut aussi préférer les formes en tôle galvanisée ou étamée aux formes en bois, comme d'un entretien plus facile; les cagets et les nattes de jonc ou de paille sur lesquels on place les fromages nus doivent aussi être lavés tous les jours à l'eau chaude. Les mouches viennent pondre sur les fromages; pour les écarter, il n'existe guère d'autre moyen efficace que de placer les pains sous une toile métallique serrée, et, lorsqu'ils sont à la cave, de les maintenir dans une obscurité complète; on peut aussi munir toutes les fenêtres de la fromagerie et de la cave de toile métallique assez fine pour ne pas livrer passage aux mouches.

C'est en prenant tous ces soins qu'on arrivera à une fabrication meilleure et qu'on obtiendra cette *souplesse*, cette *finesse*, cette *douceur* et en même temps cette *fermeté* de la pâte, qui font les *fromages de luxe*.

Le Munster et le Limbourg. — Ces deux fromages ont une fabrication de tous points semblable à celle du Géromé, mais ils sont parfaitement soignés, et leur poids n'atteint jamais 1 kilog. Autrefois, on fabriquait, surtout aux environs de Gérardmer, un petit fromage carré, dit *Angelot*, qui n'était autre chose que du Munster. On ferait bien d'y revenir.

Le Brie. — Le type le plus répandu des fromages mous est le fromage de Brie. Les procédés de fabrication diffèrent peu de ce qui vient d'être dit du Géromé, qui appartient à cette catégorie, et il suffira d'en marquer les principaux écarts. La mise en présure se fait immédiatement après la traite, mais la quantité de présure est faible, de sorte que le caillé n'est formé qu'au bout d'environ deux heures. On le découpe en tranches minces au moyen d'un bassin métallique presque plat, et on met aussitôt ces tranches dans les formes, *sans enlever le petit-lait*, qui devra s'échapper seulement pendant l'égouttage. Au bout de 24 heures, les pains sont sortis de leurs formes, et empilés dans d'autres formes très hautes et percées de petits trous ; ils sont séparés les uns des autres par des plaques de tôle galvanisée. On retourne souvent ces formes pleines, pour que la pression et l'égouttage se répartissent régulièrement. Après 48 heures, les pains sont formés ; on procède à leur salaison avec du sel très fin et très sec dont on couvre légèrement, comme d'un glacis, un bout d'abord, et, après 12 heures, l'autre bout. Ils sont portés au séchoir lorsque le sel a pénétré la pâte ; à partir de ce moment, les soins sont les mêmes que pour le Géromé.

On fait aussi du Brie maigre avec du lait dont on a enlevé une partie de la crème, et que l'on a ensuite réchauffé jusqu'à 30° pour le mettre en présure.

Depuis longtemps déjà, on fabrique des fromages de Brie dans quelques régions de la Lorraine, surtout dans le département de la Meuse. On essaie aussi la façon du Camembert et de quelques autres variétés voisines. D'ailleurs, l'espèce du fromage tient presque exclusivement aux premières manipulations, et non aux qualités du lait dont on dispose.

Les autres fromages. — Parmi les autres fromages à pâte molle, il faut citer: le *Marolles*, l'*Epoisse*, le *Livarot*, le *Neufchâtel ou Bondon*, le *Mont-Dore*, le *Roquefort*, etc.

Parmi les fromages à pâte pressée, les principaux sont le *Chester*, l'*Edam*, le *Graawske*, le *Cantal*, etc.

Enfin les principaux fromages à pâte cuite sont le *Gruyère* (1) et le *Parmesan*.

Questionnaire. — Parlez de la dépréciation du Géromé. — Quels remèdes y a-t-il ? — Quels sont les instruments qui servent à la fabrication du fromage ? — Comment fait-on la présure, et comment faudrait-il la faire. Donnez une recette. — Quelles sont les premières opérations de la fabrication ? — Quand faut-il mettre en formes? — Quels procédés emploie-t-on pour favoriser l'égouttage ? — Parlez de la salaison, — Parlez du séchoir et de la cave. — Quels sont les soins de propreté qu'il faut prendre ? — Qu'est-ce que le Munster et le Limbourg ? — Comment fait-on le Brie ? — Enumérez les autres sortes de fromages.

Devoirs. — 1° *Comment est installée la fromagerie chez vos parents. — Comment et où pourrait-on l'installer pour qu'elle soit mieux ?*

2° *Combien vaut le litre de lait, quand on vend le fromage 100 fr. les 100 kilog., sachant qu'il faut 3 litres 1/2 de lait pour faire 500 gr. de fromage ?*

CHAPITRE IV

LA TERRE ARABLE. — LA NUTRITION DES PLANTES
LES ENGRAIS ET LES AMENDEMENTS

14ᵉ LEÇON. — LA TERRE ET LES PLANTES (2).

SOMMAIRE. — La terre arable ; sa composition. — L'humus ou terreau ; son importance. — Nourriture des plantes. — Mode de nutrition des plantes.

La terre arable ; sa composition. — La *terre arable,* ou terre que l'on peut cultiver, est formée de *quatre éléments principaux,* importants par leur abondance, et

(1) Sur la région montagneuse des Vosges appelée *les Chaumes*, on fabrique un fromage appelé *Vachelin*, analogue au Gruyère.
(2) Une leçon *d'histoire naturelle* sur la plante, ses organes et leurs fonctions, etc., est indiquée au programme officiel du département avant cette partie du cours.

d'*un grand nombre d'autres matières minérales* qui s'y trouvent en plus petite quantité.

Les quatre éléments principaux qui constituent presque exclusivement la terre cultivée, sont 1° l'*argile ;* 2° le *sable ;* 3° la *chaux* et 4° l'*humus* ou *terreau.* Les trois premiers sont des *minéraux ;* l'humus, au contraire, est formé de débris *organiques ;* mais ces débris sont tellement décomposés, qu'ils sont pour ainsi dire minéralisés, et ne présentent plus trace d'organisation. Ces quatre éléments sont intimement unis et mêlés, de sorte qu'il ne se trouve pas une parcelle de terre végétale qui ne les renferme tous les quatre.

Mais toutes les terres ne les possèdent pas dans des proportions égales. Dans tel sol, c'est le sable siliceux qui domine comme dans les arrondissements de Saint-Dié et de Remiremont ; ou bien c'est le sable des grès calcaires, comme dans le sud de ceux d'Epinal et de Mirecourt. Dans d'autres sols, on trouve surtout de l'argile, comme dans le nord des arrondissements d'Epinal et de Mirecourt, et dans le centre et le sud de celui de Neufchâteau. Ailleurs, le calcaire entre pour la plus grande part dans la composition de la terre, soit à l'état de poussière, soit à l'état de sable ou de roches, comme dans le nord de l'arrondissement de Neufchâteau (1).

Les terres sablonneuses et calcaires sont appelées *légères* ou *chaudes,* Elles se laissent pénétrer facilement par les eaux, et constituent un sol très fertile, quand la proportion de silice ou de calcaire n'est pas exagérée, et que le sous-sol est suffisamment perméable.

Les terres argileuses sont dites *terres fortes,* parce qu'elles exigent beaucoup de force pour les labours ; on les nomme aussi *terres froides.* Elles sont fertiles lorsqu'elles ne retiennent pas trop les eaux, et que le sous-sol est bien perméable, et de consistance légère, ce qui permet de les améliorer par des labours profonds ou des *drainages.*

On appelle enfin *terres franches* celles qui renferment la silice, l'argile et la chaux dans les proportions suivantes : de 40 à 45 p. 0/0 de silice, de 40 à 45 p. 0/0 d'argile, et de 5 à 10 p. 0/0 de chaux.

---

(1) Voir la carte géologique de la *Géographie-Atlas des Vosges* de M. Pierre (Houillon, éditeur).

Une terre qui serait formée seulement de l'une de ces matières, serait absolument impropre à la culture.

L'humus ou terreau. — L'humus ou terreau est nécessaire à la fertilité de la terre. Il est composé de matières riches en carbone, qui absorbent lentement l'oxygène de l'air, et forment ainsi la plus grande partie de l'acide carbonique dont se nourrissent les végétaux. Cependant, son rôle est loin d'être exclusivement nutritif : comme deux vieux adages le disent, le *terreau ameublit les terres trop fortes*, et il *donne du liant aux terres légères*. On a reconnu en effet que 1 p. 0/0 d'humus donne aux sols légers autant de consistance que 10 p. 0/0 d'argile. D'autre part, les terres argileuses où l'humus s'épuise faute de fumure, deviennent vite trop tenaces et perdent leurs qualités. Enfin, l'humus est *acide*, et contribue à fixer au sol quelques-uns des aliments des plantes. Les principaux de ces aliments, comme nous le verrons plus loin, sont : *l'azote de l'ammoniaque et des nitrates, l'acide phosphorique*, la *potasse*, la *chaux*, la *magnésie*, etc.

Les bonnes terres végétales contiennent de 3 à 10 p. 0/0 d'humus. Passé cette proportion, l'acidité du sol est trop grande, et nuit à la végétation. Ainsi, la tourbe étant formée presque exclusivement de cette matière, les terrains où elle domine ne deviennent fertiles que si l'on y ajoute de grandes quantités de chaux et de cendres, qui détruisent cette acidité.

Enfin, le terreau joue encore un autre rôle qui est le plus important.

L'azote est, de tous les aliments de la plante, le plus rare et le plus coûteux. Si l'on connaissait un moyen de fixer au sol *naturellement*, l'azote de l'air, l'économie serait considérable. Or, on connaît précisément ce moyen, et depuis longtemps. En 1777, un règlement sur la fabrication de salpêtre, qui est *un composé naturel de l'azote*, recommandait « *de réunir sous un hangar douze ou quinze mille* « *pieds cubes de terre, ni trop compacte, ni trop sableuse ; d'y* « *ajouter des* FUMIERS POURRIS, *des plantes, des feuilles d'arbres, du marc de raisin, des balayures de maison, etc. La* « *masse sera disposée en talus, en y répandant irrégulièrement* « *de la paille, des branchages, etc., pour favoriser l'arrivée de* « *l'air.* »

Or, c'est ce qu'on fait en grand en mettant du fumier dans le sol, et en ameublissant la terre le plus possible. De sorte que la terre cultivée est, grâce à l'humus, une vaste usine où se forme le *salpêtre;* et cette formation est d'autant plus intense que la fumure au fumier organique est plus abondante, et l'ameublissement plus parfait. On voit par là combien le terreau est nécessaire à tous les sols, et combien il importe de le renouveler constamment, et même de l'augmenter, par une fumure abondante au fumier de ferme.

Nourriture des plantes. — Les plantes se nourrissent des matériaux qu'elles prennent à deux sources différentes : 1° l'une qui est l'*atmosphère*, 2° l'autre qui est la *terre*. Elles empruntent à la première, d'abord, à l'état d'*acide carbonique*, une partie du carbone dont elles sont formées ; puis, probablement un peu d'azote, non pur, mais à l'état d'*ammoniaque*. Le cultivateur n'a pas à s'occuper de pourvoir à cette source de l'alimentation des végétaux.

Dans le sol, outre une partie du carbone dont elles sont formées et qui constitue près de la moitié de leur masse, les plantes puisent *exclusivement* des *minéraux*, soit qu'ils proviennent de débris organiques, soit qu'ils s'y trouvent naturellement. Ces minéraux sont la *potasse*, la *soude*, la *chaux*, la *magnésie*, l'*oxide de fer*, le *phosphore à l'état d'acide phosphorique*, la *silice*, les *chlorures*, l'*azote à l'état d'ammoniaque ou de nitrates*, des *composés du soufre*, l'*eau*, etc. Un grand nombre de ces corps sont assez abondants dans tous les sols pour suffire à la nourriture des plantes cultivées ; tels sont : la *soude*, la *magnésie*, l'*oxide de fer*, la *silice*. Mais il en est d'autres qui s'y trouvent souvent en quantités trop faibles, ou qui manquent quelquefois tout à fait ; ce sont : 1° l'*azote* ; 2° l'*acide phosphorique* ; 3° la *chaux*, et 4° la *potasse*, qui, en même temps sont *absolument nécessaires*, *toutes à la fois*, à la végétation et à la fructification.

Mode de nutrition des plantes. — On a cru pendant longtemps, et beaucoup de personnes croient encore que les plantes ne peuvent absorber que des aliments solubles dans l'eau. S'il en était ainsi, les couches profondes du sol seraient les plus fertiles, puisque l'eau y aurait entraîné les matières nutritives avant que les eaux de sources, de pluie, de drainage, etc., ne les aient emportées avec elles. Or, on ne trouve guère, dans les eaux courantes, que des sels de chaux, de magnésie, de soude, etc. D'autre part, la tourbe qui est acide, *dissout*, précisément à cause de cette acidité, beaucoup de matières utiles, et constitue en même temps un des sols les moins fertiles. Il faut conclure de là que *les aliments des végétaux sont fixés par la terre fertile à l'état* INSOLUBLE, et que c'est en cet état que les racines des végétaux peuvent les rencontrer avec le plus de fruit. Les expériences et les découvertes magnifiques de MM. Boussingault, Schloesing et Grandeau, ont démontré, en effet, que *la sève des radicelles des plantes est acide, et peut dissoudre tous les corps dont la plante se nourrit* (1).

Questionnaire. — De quoi se compose la terre arable ? — Passez en revue les terrains géologiques du département. — Qu'appelle-t-on terres légères, terres fortes et terres franches ? — Qu'est ce que l'humus ? — Quels sont les rôles qu'il joue dans le sol ? — L'humus ne contribue-t-il pas à fixer l'azote au sol ? — De quoi se nourrissent les plantes ? — Quelles sont, parmi ces matières, celles qu'il faut absolument rendre à la terre ? — Comment les plantes se nourrissent-elles ? — Leurs aliments doivent-ils être solubles dans l'eau ? — Dites pourquoi ?

Devoir. — *1° Faire par écrit le résumé de la leçon.*
2° De quoi se compose une plante. — Quel est le rôle de chaque partie ? (Résumé de la leçon de botanique qui doit précéder la 14e leçon.

15e Leçon. — LES ENGRAIS

SOMMAIRE. — Définition des engrais. — Insuffisance du fumier de ferme. — Diverses sortes d'engrais. — ENGRAIS ANIMAUX. — Engrais humains. Autres engrais animaux — Guanos. — ENGRAIS VÉGÉTAUX.

Définition des engrais. — Comme nous l'avons vu, les matières minérales nécessaires à la vie des plantes peuvent faire défaut dans le sol, soit parce qu'elles lui manquent naturellement, soit parce que la végétation les a enlevées. On est obligé par conséquent de les fournir de nouveau à la terre cultivée, si l'on en veut tirer des récoltes abondantes. C'est ce que l'on fait en lui donnant *des engrais*.

(1) Voir *Etudes agronomiques*, par Grandeau, directeur de la station agronomique de l'Est, doyen de la Faculté des sciences de Nancy.

Un engrais est donc toute substance qu'on unit le plus intimement possible à la terre arable, pour servir de nourriture à la plante. Sous ce nom *d'engrais,* il faut comprendre, non seulement les divers *fumiers,* mais encore les *matières minérales* qui renferment l'un ou l'autre des éléments de l'alimentation végétale.

Insuffisance du fumier de ferme. — Le plus connu et le plus économique de tous les engrais est le *fumier de ferme,* dont on s'est servi à peu près exclusivement jusqu'alors.

Bien peu de cultivateurs se sont demandé s'ils produisent du fumier en assez grande quantité pour réparer les pertes que la culture fait subir au sol. Cependant la réflexion seule devrait les convaincre que cela est à peu près impossible. Le fumier n'est guère formé, en effet, que des restes de la digestion des animaux. Mais les plus grandes proportions d'*azote,* d'*acide phosphorique,* de *potasse* et de *chaux,* contenues dans les aliments, ont été absorbées, *assimilées,* pour former de la chair, des os et du lait, ces substances ne reviennent donc pas au sol, ou n'y reviennent qu'en petites quantités. En ce qui concerne la culture du blé surtout, on ne rend à la terre que les éléments de la paille, associés aux déjections des animaux ; mais le grain est exporté ailleurs, et c'est précisément la portion de la plante qui a enlevé le plus de matériaux essentiels.

Aussi, en présence de la diminution des récoltes, a-t-on cherché à suppléer à l'insuffisance du fumier de ferme, en lui ajoutant des matières riches en acide phosphorique, en azote, en chaux et en potasse. C'est le rôle des engrais divers, et en particulier des *engrais minéraux,* qu'on appelle aussi *engrais chimiques.*

Diverses sortes d'engrais. — On peut diviser les engrais en quatre catégories d'après leur origine : 1° les *engrais animaux,* 2° les *engrais végétaux,* 3° les *engrais mixtes* et 4° les *engrais minéraux.*

Engrais animaux. — Les engrais animaux sont, en premier lieu, les *excréments solides ou liquides,* sans mélange d'organismes végétaux, de l'homme et des animaux ; puis ce sont les *débris de chair et de peau, les os, les poils, la laine* (déchets), *les cornes, le noir animal, les guanos,* etc.

Pour fixer à peu près la valeur de ces divers engrais, il suffit d'en déterminer la richesse en *matières azotées*, l'azote étant, de tous les aliments des plantes, le plus rare à l'état assimilable, et le plus coûteux (de 1 fr. 50 à 2 fr. le kilog.).

Le tableau suivant indique pour *un an*, et *par tête*, la *richesse moyenne* en azote, des déjections utilisées comme engrais :

	Homme.	Espèce bovine.	Cheval.	Mouton.	Porc.
Excrém. solides.	1^k10 d'azote	44^k d'azote	29^k d'azote	2^k6 d'azote	3^k8 d'azote
Excrém. liquides	4^k4 —	16^k —	12^k7 —	2^k4 —	5^k5 —

On voit quelle est la richesse de ces excréments, et combien il importe aux cultivateurs de *n'en rien laisser perdre.*

Engrais humains. — Les excréments humains sont trop négligés dans notre département. On craint qu'ils ne communiquent aux plantes cultivées l'odeur qui les caractérise. Mais il est plusieurs moyens de les *désinfecter* : il suffit pour cela de jeter tous les jours sur les excréments 2 kilog. environ par personne d'un mélange composé de 2/3 de terre sèche et fine, de 1/12 de cendres non lessivées, de 1/12 de plâtre, de 1/12 de chaux éteinte, et de 1/12 de poussier de charbon. Ce mélange a déjà une certaine valeur fertilisante ; de plus, il absorbe les gaz odorants, il ralentit la fermentation, et retient dans la masse les matières azotées, surtout l'ammoniaque.

Si l'on trouve ce procédé trop embarrassant, on peut obtenir le même résultat en versant tous les jours dans la cuvette ou baquet environ 1/10 de litre par personne d'une dissolution de *sulfate de fer* (couperose verte ou vitriol vert), dissolution obtenue en faisant fondre 1 kilog. de sulfate dans 2 litres d'eau. On peut y jeter en même temps un peu de poussier de charbon.

Pour recueillir les engrais humains, il faut avoir une grande cuvette en bois qu'on place dans une fosse creusée à dessein, de manière que les anses dépassent le niveau du sol ; on la couvre d'un siège ordinaire, ou simplement d'un couvercle percé d'une lunette. Lorsqu'elle est presque remplie, on verse la partie liquide soit dans le purin, soit sur le fumier ; la partie solide est ensuite mêlée intimement à son poids de chaux éteinte, et exposée à l'air sous un toit, elle se dessèche rapidement sans dégager d'odeur (puisqu'elle est déjà désinfectée) et se trouve bientôt en état d'être employée. C'est ce qui constitue la *poudrette* d'après le *procédé Moselmann.* Employée fraîche, cette partie solide s'appelle *courte graisse* ou *engrais flamand*, parce que, en Flandre, ce pays si riche par son agriculture, on l'utilise depuis longtemps.

Autres engrais animaux. — Les os concassés et le noir animal (qui est formé par les os calcinés ayant servi à clarifier le sucre), sont riches surtout en composés du phosphore.

Les débris de chair et de peau, les poils, les déchets de laine, les cornes, sont surtout des engrais azotés. Le tableau suivant indique leur richesse approximative *en azote.*

Corne et poils.	Sang desséché.	Chair desséchée.	Cuir désagrégé.	Déchets de laine.
13 à 15 p. 0/0	11 à 13 p. 0/0	9 à 11 p. 0/0	8 à 9 p. 0/0	3 à 5 p. 0/0

Guanos. — Les guanos sont des engrais d'origine animale, formés par les excréments et les débris d'oiseaux qui se sont accumulés pendant des siècles sur les côtes de certains pays de l'Amérique méridionale, comme le Pérou et le Chili. Les guanos purs sont d'excellents engrais, mais ils sont souvent *falsifiés* et mêlés de terre. Il ne faut les accepter qu'avec *garantie d'analyse écrite sur la facture.* Les guanos coûtent de 32 à 35 fr. les 100 kilog.

Engrais végétaux. — Les engrais végétaux sont: les *plantes enfouies en vert,* les *tourteaux* et les *cendres.*

Il arrive que, si une récolte de blé, de trèfle, etc., doit être manquée, on met la charrue dans le champ, et on enterre la jeune plante. Ce qui a déjà poussé devient un engrais; on a encore le temps de faire une culture tardive, et tout n'est pas perdu. On cultive même, dans le but de les enfouir, certaines plantes qui coûtent peu de frais, et qui poussent vite. Dans les terres légères, on choisit surtout le seigle, le trèfle blanc ou incarnat, le sarrazin, la spergule; dans les terres fortes, les féverolles, les pois, le colza hâtif, réussissent mieux. On enterre au moment de la floraison.

Ces sortes d'engrais sont ordinairement trop coûteux pour le bénéfice qu'ils procurent, et on ne les emploie guère que lorsqu'on y est forcé. Ils ne sont d'ailleurs réellement profitables qu'aux sols calcaires.

Les résidus des graines qui ont servi à la fabrication des huiles sont comprimés et forment des *tourteaux*. Les uns peuvent être utilisés avec avantage à l'alimentation des bestiaux ; les autres ont un goût trop prononcé ou des propriétés malsaines et ne peuvent servir que d'engrais.

Tous les tourteaux sont riches en azote ; c'est ce qui en fait la valeur commerciale. Ils contiennent de 5 $1/_2$ à 7 p. 0/0 d'azote et de 2 à 4 $1/_2$ p. 0/0 d'acide phosphorique. On les emploie pour la fumure en les réduisant en une poudre qu'on sème à la main, ou bien en les délayant dans l'eau d'irrigation ou les purins.

Les *cendres* peuvent êtres considérées comme des engrais végétaux ; elles sont riches en potasse et en acide phosphorique, mais leur prix est assez élevé.

Questionnaire. — Donnez une définition des engrais. — Le fumier de ferme est-il suffisant pour réparer le sol, et pourquoi ? — Combien y a-t-il de sortes d'engrais ?—Les engrais animaux sont-ils riches en azote ? — Comment désinfecte-t-on et conserve-t-on les engrais humains ? Sont-ils précieux ? — Parlez des autres engrais animaux. — D'où vient le Guano? — Est-ce un bon engrais ? — Quels sont les principaux engrais végétaux ?— Les engrais verts sont-ils économiques? Parlez des tourteaux. — Que contiennent surtout les cendres ?

Devoir. — *Rechercher les divers engrais perdus dans la ferme que vous habitez. — En discuter la valeur, et dire les moyens de les conserver ou de les améliorer.*

16ᵉ Leçon. — **LES ENGRAIS** (Suite).

SOMMAIRE. — Engrais mixtes : Les fumiers. — Installation. — Soins qu'ils réclament.— Fosse à purin.— Valeur du fumier.— Les composts.

Engrais mixtes: les fumiers. — Les *engrais mixtes sont formés par le mélange intime d'engrais végétaux et d'excréments animaux.*

Le premier et le plus important de tous les engrais mixtes, et même de tous les engrais en général, est le *fumier de ferme*, parce qu'il est le plus facile à produire, et le moins coûteux. Les autres engrais ne peuvent être considérés que comme les *compléments* de celui-là.

Le fumier de ferme est formé par les excréments solides

ou liquides des bestiaux, mêlés intimement aux matières qui ont servi de litière et qui les ont absorbés au moins en partie. Employés frais, les fumiers sont appelés *longs* ou *pailleux*; après la fermentation, ils sont dits *courts*, ou *gras*, ou *consommés*.

Les soins que l'on doit donner aux fumiers sont très importants, puisque leur richesse en azote en dépend.

Installation. — Soins que réclame le fumier. — Fosse à purin. — Sauf de rares exceptions, surtout dans la petite culture, on néglige trop le fumier, aussi bien dans la plaine que dans la région montagneuse. On le place presque toujours près de la porte d'entrée, sur le chemin d'accès, à proximité des appartements, de sorte que les gaz et les odeurs qui s'en dégagent pénètrent dans les maisons. Il arrive même, dans certains villages, que le puits d'où l'on tire les eaux alimentaires est creusé tout à côté du tas; les purins y pénètrent à travers le sol, ou y sont entraînés par les pluies. Quoi de plus malsain et de plus répugnant?

Jamais les fumiers ne devraient se trouver près des appartements. Au lieu de les aligner sur les portes, tout le long de la rue, à la merci des porcs et des poules, on devrait les placer derrière la maison, où il est toujours possible de faire un chemin pour les voitures. *La salubrité l'exige.*

Au lieu de placer le fumier sur n'importe quel sol, et n'importe de quelle manière, il faut préparer, pour l'y entasser, un terrain spécial, *élevé de quelques centimètres*, pour empêcher les eaux de pluie d'y arriver; *rendu imperméable* par une couche d'argile bien battue, et *bombé légèrement* au milieu, ou bien *un peu en pente*, pour permettre l'écoulement du purin dans une rigole qui en fait le tour, et le conduit dans la fosse.

Au lieu de le placer en plein air et en plein soleil, il faut le munir d'*un toit léger*, monté sur quatre piquets solides. De cette façon, le soleil ne le dessèche pas, et les pluies ne le lavent pas. Ce toit peut être construit à peu de frais: il suffit en effet qu'il fasse de l'ombre et qu'il arrête la pluie.

Au lieu de laisser s'écouler au hasard les liquides qui s'échappent du tas, il faut de toute nécessité creuser à côté, pour les recevoir précieusement, *une fosse à purin* imper-

3

méable, où arrivent non seulement les sucs du fumier, mais aussi les urines qui sortent de l'étable et les urines humaines si riches en ammoniaque. Cette fosse doit être couverte pour éviter les accidents, et munie d'une *pompe*, pour amener le liquide dans *le tonneau à purin*, ou pour en *arroser le fumier* de temps en temps, surtout l'été, ce qui ralentit la fermentation et empêche la moisissure.

Au lieu de jeter le fumier frais sur le tas, à l'aventure, il faut l'arranger à la fourche, élever les côtés verticalement et le tasser.

Enfin, quand on le met sur les champs, il faut choisir le moment qui précède immédiatement le labour, afin qu'il ne puisse ni se dessécher par le chaud, ni être lavé par les pluies.

Le fumier entre en fermentation quand il est longtemps en tas. Cette fermentation lui fait perdre, si elle se prolonge et si on ne l'arrête, *plus de la moitié de sa valeur*, parce qu'elle provoque le dégagement de l'*azote*, sous forme d'*ammoniaque*, et que la richesse en azote, il faut le répéter, fait la valeur du fumier. On peut non seulement ralentir cette fermentation, mais encore la prévenir ou l'arrêter presque entièrement. Plusieurs moyens sont employés pour arriver à ce but, dans les fermes bien dirigées, et dans les pays d'agriculture perfectionnée, comme la Flandre et l'Angleterre.

Les uns arrosent légèrement le fumier, non avec le purin tel qu'il se produit, mais tenant en dissolution du sulfate de fer. Ensuite, ils tassent partout énergiquement, et répandent un peu de terre fine sur le tout. Ils renouvellent cette opération chaque fois que le tas s'est élevé de 25 à 30 centimètres. Le sulfate de fer et la terre fine fixent l'ammoniaque à mesure qu'elle se produit.

Ailleurs, on fait un mélange de $2/5$ de plâtre, $2/5$ de cendres, et $1/5$ de poussier de charbon. Tous les jours, avant de mettre la litière, on répand environ 1 litre de ce mélange, sous chaque grosse bête, surtout à la place des déjections. Sous les moutons on en met 1 litre environ, pour 8 bêtes, pendant que le troupeau est sorti. Le fumier, conduit au tas, est comprimé comme dans le cas précédent. Ce procédé produit le même résultat que l'autre, et le mélange est même plus intime.

Les purins, pour ne pas se corrompre et fermenter, demandent les mêmes soins que les fumiers ; aussi on y jette, pour retenir l'ammoniaque, du plâtre ou du sulfate de fer.

Valeur du fumier. — La composition du fumier de ferme et sa valeur fertilisante sont très variables, suivant les soins qu'on lui a donnés, suivant son état de fermentation plus ou moins avancé, et suivant le régime qu'on fait suivre aux animaux. D'après M. Boussingault, la composition du fumier de ferme varie dans les limites suivantes :

1,000^k de fumier peuvent renfermer de 580^k à 830^k d'eau.

   —   —   2^k à   8^k d'azote.

   —   —   1^k à 17^k de potasse.

La richesse en azote et l'abondance du fumier varient beaucoup selon la qualité et la quantité des aliments qu'on donne aux bestiaux. Si la nourriture est pauvre ou insuffisante, les déjections sont peu abondantes, et la digestion aura absorbé presque tous les éléments nutritifs. Au contraire, si la nourriture est riche, sans parler du profit qu'en tirent les bestiaux, il reste beaucoup de matériaux non absorbés qui reviennent ainsi à la terre.

On ne peut donc pas dire qu'il faut telle ou telle quantité de fumier par hectare : il est clair que si on a donné aux engrais tous les soins qu'ils réclament, leur qualité sera bien supérieure, et il en faudra bien moins pour produire le même résultat. Il faut encore tenir compte de l'état des matériaux qui le composent, et ne pas oublier que ces matériaux ne peuvent être absorbés immédiatement qu'en partie par les plantes.

Les composts. — Les *composts* et les *boues des villes* sont aussi des engrais mixtes. Les composts sont fabriqués avec des débris de toutes sortes : terres, bruyères, genêts, débris de légumes, joncs, fourrages avariés, boues, curages des fossés et des conduites d'eau, etc., etc., qu'on brasse avec de la chaux, et qu'on laisse un peu fermenter, avant de s'en servir, dans un trou creusé exprès. On peut toujours se procurer ces engrais à très peu de frais, et il est bon de ne pas les négliger.

Les *boues des villes* constituent aussi un engrais énergique, dont l'action est très rapide, et qui est utilisé surtout par la culture maraîchère.

Questionnaire. — Qu'est-ce que les engrais mixtes? — Quel est le plus important de tous? — Comment divise-t-on les fumiers? — Comment doit-on installer le fumier? — Comment le traite-t-on trop souvent? — Parlez de la fosse à purin et de sa nécessité.

— Comment arrête-t-on la fermentation? — Dites les principes utiles que renferme le fumier. — Le fumier a-t-il toujours la même valeur? — Dites ce que c'est que les composts et les boues des villes.

Devoir. — *1° Expliquer les divers moyens d'établir une fosse à purin : fosse cimentée, trou imperméable, tonneaux défoncés, etc. — Utilité et nécessité de cette fosse.*

2° Dessiner une pompe.

17ᵉ Leçon. — LES ENGRAIS MINÉRAUX.

SOMMAIRE. — Définition et nécessité des engrais minéraux. — Classement.— § 1ᵉʳ. Engrais minéraux azotés. — § 2. Engrais minéraux phosphatés. — § 3. Engrais minéraux potassiques — § 4. Engrais complets.

Définition et nécessité des engrais minéraux. — L'obligation de rendre à la terre les éléments enlevés par les récoltes, et l'insuffisance des divers fumiers ont été démontrées. Comme ce sont l'*azote*, *l'acide phosphorique* et la *potasse*, qui manquent le plus, il a fallu chercher où se trouvent ces matières en quantités suffisantes et à un prix assez bas pour que leur emploi soit lucratif. C'est la terre elle-même qui se charge d'en donner la plus grande partie. On trouve aussi dans l'industrie des résidus qui fournissent quelques-uns de ces éléments à un prix exceptionnel. Ces matières minérales ou industrielles sont appelées *engrais minéraux.*

Classement. — On divise les engrais minéraux en trois catégories distinctes, suivant les éléments utiles qu'ils contiennent, ce sont : 1° les *engrais minéraux azotés;* 2° les *engrais minéraux phosphatés;* 3° les *engrais minéraux potassiques.*

§ 1ᵉʳ. Engrais minéraux azotés. — Les engrais minéraux utilisés à cause de leur azote sont: le *sulfate d'ammoniaque* et l'*azotate* ou *nitrate de soude.*

Le *sulfate d'ammoniaque* est un composé qu'on obtient en grand comme produit secondaire dans la fabrication du gaz d'éclairage. Celui qu'on vend dans le commerce n'est pas pur, et ne contient jamais plus de 20 p. 0/0 de sulfate ; à ce taux, il se vend de 30 à 35 fr. les 100 kilog. ce qui met le kilog. d'azote à 1 fr. 50 ou 1 fr. 75 environ. L'ammoniaque du sulfate est fixée par le sol, et l'on n'a pas à craindre que les pluies l'entraînent.

Le *nitrate de soude* est un produit minéral qu'on tire presque exclusivement du Pérou. Il subit avant d'être envoyé en Europe, une préparation après laquelle il contient de 15 à 16 p. 0/0 d'azote ; il se vend de 19 à 22 fr. les 100 kilog. ce qui met l'azote au prix de 1 fr. 25 à 1 fr. 40 environ le kilog.

Le *nitrate de potasse* ou *salpêtre*, bien connu de tous est un corps analogue au nitrate de soude ; mais il est d'un prix trop élevé pour être employé utilement en agriculture. On a vu plus haut (page 58) comment il se forme naturellement dans le sol.

Les nitrates sont solubles dans l'eau, et la terre ne fixe pas leur azote sous une autre forme. Il faut donc ne les employer qu'au moment où la plante peut les absorber rapidement, c'est-à-dire lorsqu'elle est déjà pourvue de racines. Ils rendent de grands services surtout au printemps, sur les céréales faibles, auxquelles on les donne autant que possible, au commencement d'une période de beau temps, *en couverture*, c'est-à-dire en les semant bien régulièrement sur le champ. On les emploie ordinairement à raison de 200 à 250 kilog. à l'hectare, suivant la richesse du fumier déjà employé. Mais il ne faut jamais dépasser cette dose répandue en plusieurs fois, car le surplus serait perdu et enlevé par les eaux.

§ 2. Engrais minéraux phosphatés. — Les composés de phosphore que les plantes absorbent sont :

1° Les *phosphates de chaux*, de *potasse*, de *magnésie*, de *manganèse*, etc.

Le *phosphate de chaux*, qui est le seul employé comme engrais, se trouve à peu près dans tous les sols en plus ou moins grandes quantités. Les terrains granitiques des Vosges n'en contiennent guère que 2 à 3 p. 1000, tandis qu'on le trouve en couches épaisses dans le sous sol aux environs de *Frenelle*, de *Dombasle-en-Xaintois*, de *Sandaucourt*, de *Bulgnéville*, etc., et en général sur la limite du *lias inférieur*, qui va de Nancy à Chalindrey. Il est exploité depuis longtemps dans le département de la Meuse et des Ardennes.

2° L'industrie du fer fournit aussi à l'agriculture du *phosphate de chaux* à l'état de *scories* ou matières vitrifiées, dites *scories Thomas-Gilchrist*, ou *scories de déphosphoration*.

PHOSPHATES DE CHAUX. — Il existe trois combinaisons de l'acide phosphorique avec la chaux : le phosphate naturel, qui renferme trois parties de chaux pour une d'acide ; le phosphate précipité, qui renferme 2 parties de chaux pour une d'acide, le superphosphate, qui renferme une partie de chaux pour une d'acide. Les phosphates naturels ne coûtent guère que la moitié des superphosphates, à proportion du phosphore qu'ils renferment. On avait pensé d'abord qu'ils ne pouvaient être efficaces, parce qu'ils ne sont pas solubles dans l'eau, de sorte que les superphosphates et les phosphates précipités étaient seuls en faveur. Mais les expériences de M. Grandeau ont démontré que, dans le sol, les phosphates solubles redeviennent insolubles, car sans cela ils seraient entraînés par les eaux de source ou de drainage. Ces expériences ont démontré aussi que la puissance fertilisante des phosphates naturels est à peine inférieure à celle des phosphates solubles, mais moins prompte. Le cultivateur ne peut donc se désintéresser de la question, puisqu'il y a pour lui une économie sérieuse à employer les uns plutôt que les autres.

Les phosphates sont les engrais qui rendent le plus de services dans la culture des céréales, parce que ces plantes en absorbent de grandes quantités. On peut en donner au sol, la première fois, beaucoup plus que la première récolte n'en demande, puisque le surplus ne peut être entraîné par les eaux, et sera utilisé par les récoltes suivantes.

Les phosphates naturels contiennent de 14 à 30 p. 0/0 d'acide phosphorique ; il faut donc en varier la quantité dans les terrains qui en manquent suivant leur propre richesse, de manière à donner par hectare de 100 à 150 kilog. d'acide pur.

On peut les semer directement sur le champ avant le labour ou sur le pré ; mais le meilleur mode d'emploi consiste à les mêler au fumier d'étable, en répandant chaque jour, sous chaque tête de gros bétail, environ 1 kilog. de phosphate. Le mélange est ainsi plus intime, et le répandage plus régulier.

Dans les phosphates naturels, le kilog. d'acide pur coûte à peu près de 0 fr. 25 à 0 fr. 30, tandis que dans les superphosphates et les phosphates précipités, le kilog. d'acide pur se paie 0 fr. 60, soit plus du double.

SCORIES DE DÉPHOSPHORATION. — Certains minerais de fer ne pouvaient servir à l'industrie, à cause du phosphore qu'ils renferment. Depuis quelques années, on a découvert le moyen de retenir ce phosphore dans les *scories*. Produits depuis peu de temps, ces résidus sont fort durs, mais ils subissent à l'air une décomposition lente qui les *désagrège*, et on aide à cette désagrégation en les broyant avant de les livrer au commerce. Cette décomposition se continue d'ailleurs dans le sol.

On recommande l'emploi des scories d'abord à cause de leur bon marché exceptionnel, (le kilog. d'acide phosphorique que les scories contiennent est payé de 0 fr. 15 à 0 fr. 25) puis à cause de la chaux (50 p. 0/0), du fer et des autres matériaux qu'elles renferment. Elles donnent, comme engrais, de très bons résultats. On les emploie de manière à donner à la terre la même proportion d'acide qu'avec les phosphates naturels (1).

§ 3. **Engrais minéraux potassiques.** — Les principaux engrais potassiques employés dans notre région sont tirés des mines de *Stassfurt*, village situé en Prusse, près de *Halle*, dans la *province de Saxe*. Les plus économiques des sels qui en proviennent sont: la *kaïnite brute* (chlorure brut de potassium), les *chlorures de potassium 3 fois et 5 fois concentrés*, et le *sulfate double de potasse et de magnésie*. Le kilog. de potasse pure qu'ils contiennent coûte, dans la kaïnite, environ 0 fr. 20; dans les chlorures, de 0 fr. 30 à 0 fr. 35 et dans le sulfate, environ 0 fr. 50.

On tire aussi des engrais potassiques des *marais salants*, mais ils renferment du *chlorure de magnésium* dont il faut les débarrasser avant de s'en servir comme engrais. De plus, le transport en est trop coûteux pour notre région.

Les sels de potasse sont aussi rendus insolubles par la terre arable. On peut donc, sans aucun inconvénient et sans aucune perte, en donner abondamment au sol. Cepen-

(1) Les centres de production ou de vente des scories de déphosphoration les plus rapprochés de nous sont Homécourt, Jœuf, Longwy, Hayange, Liège, le Creusot, etc.

dant, on ne dépasse presque jamais la dose de 200 à 300 kilogrammes par hectare.

Ces engrais conviennent particulièrement à toutes les plantes chargées de *fécule* et de *sucre ;* il a été reconnu, en effet, que la *présence de la potasse est nécessaire à la formation de ces matières dans les végétaux.* On donne les chlorures aux betteraves, aux pommes de terre et à la vigne dans tous les sols, et aux céréales, dans les terrains calcaires, presque toujours bien pourvus de magnésie. Le sulfate double rend plus de services sur les prairies. Les uns et les autres donnent d'excellents résultats dans les terrains tourbeux et acides, surtout si on y emploie en même temps les phosphates calcaires ou les scories et les cendres.

§ 4. Engrais complets ou chimiques. — Dans le commerce, on vend des engrais minéraux qu'on appelle *complets* ou *chimiques,* et qui renferment, suivant la culture que l'on projette, des phosphates, des nitrates, et de la potasse en proportions diverses. Ces engrais dits complets sont toujours vendus trop cher; il est bien plus économique de se procurer séparément les engrais simples, pour faire les mélanges soi-même.

La loi du 7 janvier 1888 règle les poursuites à exercer contre les vendeurs d'engrais *frelatés,* et les précautions à prendre contre les fraudeurs. L'acheteur doit toujours *exiger la garantie sur facture de la richesse de l'engrais en chacun de ses principes fertilisants solubles ou non, et le prix du kilog. de chacun de ces principes purs.* Il doit aussi, *dès l'arrivée en gare,* faire prendre des échantillons *dans la forme indiquée par la loi* pour les faire *analyser* par les *laboratoires agricoles* ou les *stations agronomiques,* et N'ACCEPTER LIVRAISON QU'APRÈS L'ANALYSE, si le résultat en est favorable.

Questionnaire. — Où trouve-t-on les matières appelées engrais minéraux? — Comment les divise-t-on? — Quels sont les engrais azotés? — Dites ce que vous savez du sulfate d'ammoniaque et des nitrates. — Comparez leurs prix. — Quels sont les principaux engrais phosphatés? — Dites d'où l'on tire chacun d'eux, ce qu'ils coûtent, et comment on les emploie. — Quels sont les engrais potassiques? — D'où viennent-ils? — Quel est leur prix? — Que pensez-vous des engrais complets? — Quelle précaution faut-il prendre dans les achats, pour ne pas être trompé?

Devoir. — PROBLÈME. — *On veut mettre de l'acide phosphorique sur un champ de 85 ares, à raison de 120 kilog. d'acide pur à l'hectare. Que faut-il préférer et quelle quantité faut-il de chaque espèce d'engrais, des phosphates naturels ou des scories, si les pre-*

miers contiennent 18 p. 0,'0 d'acide pur, et les seconds 12 0,'0 ; si le kilog. d'acide pur est facturé dans les phosphates à 0 fr. 22, et dans les scories à 0 fr. 175 ; et si le transport coûte 4 fr. 20 par tonne de matière brute.

18ᵉ Leçon. — LES ENGRAIS MINÉRAUX (Suite et fin).

SOMMAIRE. — Rôle des engrais minéraux. — Leur emploi. — Terrain granitique. — Grès et calcaire conchylien. — Argiles et marnes. — Calcaires. — Établissement d'une formule d'engrais chimiques.

Rôle des engrais minéraux. — Les engrais minéraux, nous le répétons, *ne sont pas appelés à remplacer le fumier de ferme;* mais ils en sont le *complément nécessaire.* Grâce à leur emploi, la culture du froment est devenue possible dans toutes les terres, même les plus légères et les plus maigres. C'est ainsi que beaucoup de cultivateurs de l'arrondissement de Saint-Dié ont abandonné la culture du seigle, et l'ont remplacée avec succès et profit par celle du blé. Des *champs de démonstration* sont organisés partout, pour montrer à tous les bénéfices que l'on peut réaliser en employant ces matières, et déterminer exactement quelle formule d'engrais convient le mieux à chaque sol.

Leur emploi. — Quelques indications sont nécessaires, pour que leur emploi soit économique et profitable.

D'abord, ils doivent être *parfaitement pulvérisés,* car la plante ne peut absorber ses aliments que par quantités infiniment petites à la fois ; ensuite, leur mélange avec le sol doit être *très régulier* et *très intime,* pour que toutes les racines puissent les rencontrer également. De la sorte, on ne verra pas des récoltes maigres sur certains points et abondantes sur d'autres. Pour arriver à cette régularité, il existe plusieurs moyens suivant les engrais. Ceux qui sont solubles dans l'eau, mais que le sol retient, peuvent être répandus à la volée avant les semailles, et recouverts par un hersage ou un léger labour ; ceux qui sont solubles dans l'eau, et que les eaux de pluie entraîneraient, comme les nitrates, ne doivent jamais être répandus qu'en couverture, quand la plante a déjà des racines nombreuses ; enfin, ceux qui sont insolubles comme les phosphates naturels, et les scories de déphosphoration, peuvent, comme nous l'avons déjà dit être mêlés au fumier, à mesure qu'il se forme dans l'étable ou dans l'écurie.

Il faut éviter avec soin de répandre le *sulfate d'ammoniaque* en même temps que les phosphates naturels ou les scories, parce que la chaux libre de ces derniers engrais provoquerait le dégagement de l'ammoniaque du sulfate sous forme de gaz. Il faut donc laisser le plus long intervalle possible entre l'enfouissement de l'un et de l'autre, afin d'éviter toute perte de ce genre. Une période de quelques semaines paraît suffisante.

La nature et la composition du sol sont des éléments dont la connaissance est absolument indispensable, pour que l'on applique exactement à chaque terre les engrais chimiques qui lui conviennent. Cette connaissance évitera des erreurs coûteuses ; grâce à elle, on ne donnera pas de chaux aux terrains calcaires ; on diminuera la dose des phosphates dans les terrains qui en contiennent déjà en abondance. Des indications générales sur la géologie des Vosges, et des exemples d'analyses des principaux sols du département pourront rendre des services à ce sujet. Il est à peine besoin de dire que ces analyses ne présentent rien d'absolu, parce que la composition de la terre varie souvent d'un champ à l'autre, et dépend, en ce qui concerne les aliments des végétaux, des dernières récoltes obtenues. Il est donc nécessaire que le cultivateur fasse analyser sa terre, et qu'il connaisse la composition de chaque plante, s'il veut être bien renseigné. Les *stations agronomiques* et les *laboratoires agricoles* sont institués dans ce but (1).

---

(1) Un laboratoire agricole départemental est fondé dans les Vosges depuis le 1ᵉʳ juillet 1888. Il est installé provisoirement au laboratoire municipal de Remiremont, sous la direction de M. Devouges, professeur de Physique et Chimie.

On trouve, dans chaque mairie, des instructions détaillées *sur la prise et le mode d'envoi* des échantillons à faire analyser. Des imprimés (*Bulletins de dépôt ou d'envoi*), sont mis par les maires à la disposition de tout cultivateur qui veut demander l'analyse d'une terre, d'une eau, d'un engrais, de tourteaux, de fourrages, de matières alimentaires, etc., etc.

Les frais d'analyse incombent *pour la moitié seulement* aux cultivateurs ; l'autre moitié est payée par le département.

Exemples d'analyse des principaux terrains du département des Vosges

ÉLÉMENTS MINÉRAUX nécessaires ou utiles à la nutrition des plantes	TERRAIN PRIMITIF (Granites)			TERRAIN PERMIEN		TERRAIN TRIASIQUE	
	Granite commun (1)	Porphyre (1)	Syénite (1)	Grès vosgien (1)		Grès bigarré (2)	
Acide phosphorique	0.23 p. 100	0.25 p. 100	0.27 p. 100	0.02 p 100	0.09 p. 100	0.05 p. 100	traces.
Potasse	0.31 —	0.20 —	0.21 —	0.03 —	0.09 —	0.00 —	0.00 p. 100
Chaux	traces	traces.	traces.	0.02 —	0.09 —	0.40 —	0.60 —
Alumine et oxyde de fer	9.28 —	9.39 —	3.97 —	0.46 —	1.48 —	23.50 —	11.60 —
Magnésie	0.34 —	0.60 —	0.30 —	0.02 —	0.27 —	traces.	0.00 —
Soude	0.00 —	0.02 —	0 09 —	0.03 —	0.03 —	0.00 —	0.00 —
Etc.	.....	.....	.....	.....		.....	

(Suite du tableau ci-dessus) ÉLÉMENTS MINÉRAUX nécessaires ou utiles à la nutrition des plantes	TERRAIN TRIASIQUE (Suite)			TERRAIN JURASSIQUE			
	Grès bigarré (Suite) (2)	Muschelkalk ou calcaire conchylien (1)	Marnes irisées (1)	Lias lorrain (1)	Calcaire oolithique inférieur (2)	Calcaire oxfordien ou à chailles (2)	Calcaire oolitique moyen (3)
Acide phosphorique	0.03 p. 100	0.74 p 100	0.07 p. 100	0.21 p 100	0.10 p. 100	0.30 p. 100	0.77 p. 100
Potasse	0.00 —	0.82 —	0 19 —	1.13 —	0.00 —	0.00 —	0.02 —
Chaux	0.52 —	0.48 —	0 18 —	0.09 —	47.90 —	52.60 —	49.30 —
Alumine et oxyde de fer	22.40 —	10.88 —	3.55 —	1.30 —	4.40 —	1.40 —	4.26 —
Magnésie	0.00 —	0.36 —	0.21 —	0.41 —	0.20 —	0.10 —	0.65 —
Soude	0.00 —	0.06 —	0.09 —	0.40 —	0.00 —	0.00 —	0.01 —
Etc.	.....	.....	.....	.....	.....	.....	.....

(1) Grandeau. (2) Braconnier. (3) Fœhling et Schramm.

Ce tableau montre des différences assez considérables dans la composition des terrains du département (1).

Granites. — Les sols granitiques, qui comprennent à peu près toute la région montagneuse des arrondissements de St-Dié et de Remiremont, contiennent peu d'acide phosphorique et de potasse et très peu de chaux.

Tous les engrais minéraux doivent donc y être appliqués.

Grès rouge et grès vosgien. — Le *grès rouge* occupe une partie assez importante de l'arrondissement de St-Dié, entre Corcieux, la Bourgonce, Senones et Provenchères. On le trouve aussi en petites quantités entre Remiremont et le Val d'Ajol. Il forme un terrain meuble, en général peu fertile. Quant au *grès vosgien*, sa pauvreté en acide phosphorique, en potasse et en chaux en fait un des sols les moins productifs, où les engrais minéraux doivent être tous appliqués avec abondance. Il est peu cultivé, d'ailleurs, et presque complètement couvert de vastes forêts. Il s'étend de Raon-sur-Plaine à Raon-aux-Bois, en passant par Raon-l'Etape, Brouvelieures, Epinal et Arches.

Grès bigarré. — Le grès bigarré, qui longe le grès vosgien à l'ouest, forme une terre qui contraste avec la précédente par sa fertilité plus élevée. Cependant, elle a besoin aussi d'engrais minéraux abondants pour donner de bonnes récoltes. On y emploie beaucoup de cendres, à la vérité, mais c'est une matière trop coûteuse, qu'il vaudrait mieux remplacer par les sels potassiques et les phosphates, bien plus économiques. Ce terrain occupe presque tout le massif des Faucilles au sud des arrondissements d'Epinal et de Mirecourt ; il se continue au nord par une languette étroite, qui traverse la Moselle en aval d'Epinal, et passe à Aydoilles, Housseras et Domptail.

Muschelkalk. — Les terrains de cette catégorie, qui s'étendent à travers le département, du canton de Rambervillers à celui de Lamarche, presque en ligne droite, sont beaucoup plus riches que les précédents en acide phosphorique et en potasse ; aussi forment-ils la région la plus fertile du département. La dose des engrais minéraux à y employer n'a donc pas besoin d'y être aussi élevée qu'ail-

(1) Voir la *Géologie des Vosges appliquée à l'agriculture*, de M. Durand, professeur à Nancy. — Voir aussi la carte géologique de la France (région de l'Est) publiée d'après l'Etat-Major.

leurs, mais on ne doit pas oublier que leur emploi donne des excédents de récoltes, même dans les meilleurs sols.

Marnes irisées. — Les marnes sont des terres peu fertiles à proportion du travail qu'elles exigent, parce que la quantité d'argile y est trop forte. Leur pauvreté en éléments nutritifs exige qu'on y emploie les engrais minéraux en abondance, et qu'on y conserve les cendres trop souvent envoyées au dehors. Il serait bon aussi d'y augmenter le nombre des bestiaux de la race bovine et de la race ovine, qui procureraient plus de fumier. Par conséquent, il faudrait y cultiver les plantes fourragères en plus grande quantité, et diminuer la culture du blé, trop coûteuse et trop peu rémunératrice. Les marnes irisées forment une bande de terre qui se rétrécit en allant de Charmes et de Pont-sur-Madon vers Lamarche, en passant par Mirecourt, Norroy, et Crainvilliers.

Lias lorrain. — Les sols du lias, beaucoup plus riches, au moins en certains endroits, que les marnes irisées, en calcaire et en acide phosphorique, sont cependant très chargés d'argile, ce qui les rend d'un travail difficile. Ils occupent, entre Mirecourt et Châtenois, une bande de terrain qui se dirige de là vers le sud-ouest, à peu près en ligne droite. C'est dans le lias inférieur que se trouvent les phosphates naturels à exploiter dont il a déjà été question. Comme dans les marnes irisées, il serait très avantageux d'y remplacer en partie la culture du blé par celle des plantes et des racines fourragères, et d'y introduire en même temps l'élevage du bétail, et les industries laitières.

Calcaires oolithiques. — Les calcaires oolithiques, très riches en chaux, à l'état de carbonate, sont nuls ou presque nuls en potasse et en soude, et assez pauvres en acide phosphorique. Les engrais potassiques et les cendres doivent également y être employés. L'oolithe occupe dans les Vosges tout le nord de l'arrondissement de Neufchâteau (1).

Terrains de transport. — Les terrains de transport, appelés aussi diluviums et alluvions, suivant leur

---

(1) Voir la *Géologie des Vosges appliquée à l'agriculture*, de M. Durand, professeur à Nancy. — Voir aussi la Carte géologique de la France (région de l'Est) publiée d'après l'Etat-Major.

âge, sont formés de débris de roches que les glaciers ou les eaux ont transportés et déposés ensuite dans le fond des vallées. Ces dépôts sont naturellement de même nature que les roches dont ils viennent; leur composition et les débris organiques qu'ils renferment en font presque toujours des terrains fertiles où toutes les cultures peuvent réussir. Ils sont abondants dans les vallées inférieures de la Moselle, de la Mortagne, de la Meurthe et de leurs affluents. Les vallées de la Meuse et de la Saône en contiennent aussi, mais en plus faible étendue.

Etablissement d'une formule d'engrais chimique. — On conçoit aisément, d'après tout ce qui précède, qu'il est à peu près impossible d'établir des formules générales d'engrais chimiques, puisque ces formules doivent varier avec la nature du sol. La connaissance exacte de la terre que l'on travaille et l'expérience, peuvent seuls contribuer à cette détermination. D'ailleurs, tous les sels fixés par la terre, comme les phosphates, les chlorures de potassium, et les sulfates d'ammoniaque, peuvent être employés en abondance, puisque l'excès en sera toujours utilisé par les récoltes suivantes.

Questionnaire. — Quels services rendront surtout les engrais minéraux? — Comment doit-on les employer? — Que faut-il étudier avec soin pour ne pas faire fausse route. — De quoi se composent les granites? Les grès? Le muschelkalk? Les marnes irisées et le lias? Les calcaires? Les terrains de transport? Peut-on établir directement des formules d'engrais chimiques?

Devoirs. — *1° Carte géologique du département des Vosges. — Y placer les chefs-lieux de canton. — Y placer aussi soigneusement la commune que l'on habite.*

2° Composition du sol de la commune. — Ce qui lui manque. — Ses qualités et ses défauts.

19ᵉ LEÇON. — LES AMENDEMENTS.

SOMMAIRE. — But et définition des amendements. — La chaux et le plâtre. — Le sable. — L'argile. — Les marnes.

Les amendements. But et définition. — Nous avons vu que la composition du sol est variable, et que, la plupart du temps, l'une ou l'autre des trois matières, *argile, sable, chaux,* domine au détriment des autres, en modifiant plus ou moins les qualités de la terre arable. On a pensé depuis longtemps à améliorer les terres médiocres en leur donnant les substances qui leur manquent. C'est ce qu'on appelle *amender*.

Amender une terre, c'est donc la rendre meilleure, par l'addition des matériaux destinés à lui donner les qualités physiques qui lui manquent : la ténacité aux terres trop légères, la porosité aux terres trop compactes. Les principaux amendements sont : la *chaux*, le *plâtre*, le *sable*, l'*argile* et les *marnes*.

La chaux et le plâtre. — La chaux et le plâtre, comme nous l'avons vu, sont employés *comme engrais* partout où le calcaire fait défaut ; ils ont alors pour but principal de servir à la nutrition des plantes.

Mais dans les sols tourbeux et les sols compactes, ou sablonneux, la chaux produit d'autres effets : l'acidité des premiers est détruite parce qu'elle se combine aux acides et les annule ; la compacité des autres est amoindrie parce qu'elle les divise, les délite, et permet à l'air et à l'eau de les pénétrer ; c'est à ces sortes de terres qu'elle est le plus utile ; dans les sols sablonneux, d'origine granitique, elle donne de la fermeté et du liant, mais il faut en user avec précaution.

On l'emploie de la manière suivante : à l'automne, il faut en faire de petits tas recouverts de terre. Elle se délite peu à peu, et lorsqu'elle est réduite en poussière, on la mêle à la terre qui la recouvre, et on l'étend aussi régulièrement que possible. On l'enterre ensuite par un labour très léger, ou mieux, par un fort hersage. Il en faut de 30 à 50 hectolitres à l'hectare la première fois pour une période de 10 ans. Dans la suite, la dose est réduite de moitié pour chaque période de 10 ans.

Les plâtras de démolition jouent le même rôle que la chaux : ils conviennent surtout aux sols argileux compactes, à cause du sable qu'ils renferment.

Le rôle du plâtre (sulfate de chaux) dans la végétation, n'est pas encore bien déterminé. On ignore s'il agit seulement sur le sol, ou bien à la fois sur le sol et sur la plante. Il semble prouvé par l'expérience qu'il ne produit que fort peu d'effet dans les sols riches en sulfate ; il agirait donc surtout comme engrais. Peut-être contribue-t-il seulement, par l'acide sulfurique, à fixer l'ammoniaque ou les potasses

Tout le monde connaît l'expérience que fit le célèbre Franklin pour prouver son efficacité sur les légumineuses: comme on refusait de croire à sa parole, il répandit sur un jeune trèfle, du plâtre en poudre, de manière à former un mot gigantesque qui veut dire « plâtré ». La végétation fut beaucoup plus active aux endroits touchés par le plâtre, et cette écriture apparut bientôt en relief. C'était une preuve parlante irrécusable.

On l'emploie en poudre à raison de 200 à 400 kilog. à l'hectare sur les légumineuses fourragères, comme le trèfle, la luzerne et le sainfoin. On ne peut guère s'en servir dans la culture des légumineuses destinées à la nourriture de l'homme, parce qu'il les rend d'une cuisson et d'une digestion difficiles.

Le sable. — Le sable n'est pas employé à l'état pur comme amendement. On se sert seulement dans ce but des sables d'*alluvions* qui apportent toujours avec eux une certaine quantité de matières fertiles. On n'en fait usage que dans les terres argileuses, lorsque le transport est facile et peu coûteux.

L'argile. — Les argiles pures ne sont guère employées non plus comme amendements. Cependant, dans les sols argileux mêmes, on pourrait s'en servir au lieu de sable pour ameublir la terre. On sait, en effet, que l'argile *calcinée* a perdu sa ténacité et son adhérence, sans pouvoir les acquérir de nouveau. En ajoutant de l'argile calcinée aux sols trop compactes on les rendrait donc plus faciles à cultiver.

Les marnes. — Les marnes sont les amendements les plus employés. Elles sont de trois sortes :

1° Les *marnes argileuses*, où domine l'argile ; elles conviennent aux terres légères ;

2° Les *marnes siliceuses*, où domine le sable ; elles sont excellentes pour les terres compactes ;

3° Enfin les *marnes calcaires*, qui sont les plus employées; elles rendent de grands services dans les sols à argile imperméable, qu'elles ameublissent, et dans les sols siliceux dépourvus de calcaire.

Les marnes s'emploient à doses très variables, suivant la nature du sol à amender, et suivant leur propre composition. On en fait à l'automne, des tas espacés, qu'on laisse ainsi pendant tout l'hiver : la gelée les délite et les réduit en poudre. On les étend dès les premiers beaux jours, et on les enterre par un labour léger.

Il ne faut pas oublier que les amendements ne sont pas employés comme engrais, et ne peuvent en tenir lieu. *Ils exigent au contraire une fumure énergique, surtout les amendements calcaires, et la chaux pure plus que tous les autres, à cause de l'activité qu'ils donnent à la végétation.*

Questionnaire. — Peut-on améliorer les sols mauvais ?— Définissez les amendements. — Donnez les effets de la chaux. — Que sait-on sur les effets du plâtre ? — Comment s'emploient la chaux et le plâtre ? — Emploie-t-on souvent le sable ou l'argile comme amendements ? — Comment classe-t-on les marnes et comment les emploie-t-on ? — Les amendements économisent-ils les engrais ?

Devoirs. — *1o Développer, d'après le récit du maître, l'expérience de Franklin au sujet de l'emploi du plâtre.*

2o Dire quels sont les amendements nécessaires au sol de la ferme que l'on habite, et rechercher comment on pourrait se les procurer d'une manière économique.

CHAPITRE V

20e Leçon. — LES ASSOLEMENTS.

SOMMAIRE. — Nécessité des assolements. — Règles à suivre pour fixer un assolement. — Divers assolements. — Assolement avec jachère.

Nécessité des assolements. — Si l'on pouvait donner à la terre les aliments des végétaux en proportions convenables à mesure que les récoltes s'en emparent, il serait possible, d'après ce que nous avons vu, de cultiver constamment la même plante sur le même sol; c'est ce que prouve d'une manière certaine l'expérience de M. John Prout, célèbre agriculteur anglais, qui, pendant une période de plus de 20 ans, n'a cultivé que des céréales sur 300 hectares de terre, *sans bétail ni fumier de ferme*, rien qu'avec le secours des engrais minéraux, et en obtenant un rendement moyen d'environ 36 hectolitres à l'hectare (1).

(1) Voir le discours de M. Méline, député des Vosges, au comice agricole de Remiremont (21 août 1887).

Mais nous avons vu aussi que, *sans fumier de ferme, le terreau s'épuise*, parce qu'il subit dans le sol une combustion lente qui en rend certaines parties assimilables, surtout le carbone.

La fertilité finirait donc, malgré tout, par disparaître, puisque le terreau ne serait pas remplacé. Il faut par conséquent, de toute nécessité, à côté des plantes alimentaires, cultiver des plantes fourragères qui favorisent la production du fumier. Nous avons vu d'autre part que les plantes n'absorbent pas les mêmes aliments en quantités égales ; que, par exemple, la pomme de terre et la betterave ont besoin de plus de potasse, et les céréales de plus de phosphate. Pour utiliser toutes les matières que les fumiers renferment en proportions à peu près constantes, on a cherché à établir la succession des cultures dans l'ordre le plus favorable au maintien de la richesse du sol, et le plus économique en ce qui concerne l'utilisation de ces matières fertilisantes. Le plus simple moyen consiste à placer l'une après l'autre les plantes qui se nourrissent d'éléments différents. Ainsi, à une culture qui réclame beaucoup d'acide phosphorique, comme une céréale, on fait succéder une plante qui demande surtout de la potasse, par exemple la pomme de terre ou la betterave. Ensuite, on cultive une plante riche en azote, comme les légumineuses, etc.

C'est cet ordre régulier de la succession des cultures sur le même *sol* ou la même *sole*, qu'on appelle *assolement*.

Le temps que dure un assolement s'appelle la *rotation*.

Règles à suivre pour fixer un assolement. — Pour déterminer un assolement, il faut observer les règles suivantes :

1° Les plantes cultivées successivement prennent à la terre des aliments différents ;

2° Entre une récolte et la plantation ou la semaille suivante, il faut qu'il y ait un temps suffisant pour la préparation du sol et la fumure ;

3° A une plante *non sarclée*, qui laisse pousser et mûrir les mauvaises herbes, on doit faire succéder une *plante sarclée* qui nettoie la terre ;

4° L'assolement doit toujours laisser la plus large place aux plantes et aux racines fourragères.

Divers assolements. — L'assolement est appelé

biennal quand la même plante revient sur la même terre tous les deux ans. On l'appelle *triennal* quand la rotation dure trois ans, *quadrennal* quand elle dure quatre ans, etc.

Voici un exemple d'assolement de quatre ans.

ANNÉES	1ʳᵉ SOLE	2ᵉ SOLE	3ᵉ SOLE	4ᵉ SOLE
1ʳᵉ Année	Plantes sarclées	Froment	Trèfle ou Sainfoin	Froment et Avoine
2ᵉ Année	Froment	Trèfle ou Sainfoin	Froment et Avoine	Plantes sarclées
3ᵉ Année	Trèfle ou Sainfoin	Froment et Avoine	Plantes sarclées	Froment
4ᵉ Année	Froment et Avoine	Plantes sarclées	Froment	Trèfle ou Sainfoin

Assolement avec jachères. — Autrefois, on croyait à la nécessité de laisser du repos à la terre ; les champs qu'on laissait ainsi en *jachères* ne produisaient rien pendant une année ; pour ne pas laisser pousser les mauvaises herbes, et pour ameublir le sol en vue des récoltes futures, on y passait plusieurs fois avec la charrue et la fouilleuse.

Aujourd'hui on ne fait presque plus de jachères que dans les sols trop pauvres ou trop épuisés *lorsque l'engrais manque*.

D'ailleurs, elles sont tout simplement une perte, sans compensation d'aucune sorte, puisque c'est une année sans revenu.

Aussi les assolements avec jachère deviennent-ils de plus en plus rares.

Questionnaire. — Peut-on cultiver toujours la même plante sur le même sol ? — Pourquoi ? — Donnez les règles à suivre pour fixer un assolement. — Donnez un exemple d'assolement biennal, triennal, quadrennal, etc. — Que pensez-vous de la jachère ?

Devoirs. — 1° *Quels sont les avantages et les défauts de l'assolement en usage dans votre ferme, soit au point de vue de la nature des plantes cultivées, soit au point de vue de la succession des cultures.*

2° *Composer des tableaux pour l'assolement biennal, triennal, quadrennal et quinquennal.*

CHAPITRE VI

21ᵉ LEÇON. — **PRÉPARATION GÉNÉRALE DU SOL.**

SOMMAIRE. — But des labours. — Différentes sortes de labours. — Moment favorable aux labours. — Les défoncements. — Les défrichements. — Le drainage

But des labours. — Les engrais de toutes sortes et les amendements ne servent aux plantes qu'autant qu'ils sont parfaitement mêlés à la terre, afin que les racines, dans tout leur trajet, rencontrent les matières nutritives à mesure de leurs besoins. Ce sont les *labours* qui font ces mélanges.

Labourer, c'est retourner la terre dans le but : 1° de diviser le sol pour permettre à l'eau et à l'air de le pénétrer profondément ; 2° de faire du sol arable et des engrais une masse bien homogène, où les plantes trouveront leurs aliments répartis d'une façon régulière.

Différentes sortes de labours. — On divise les labours suivant leur profondeur, en *labours profonds*, en *labours moyens* et en *labours légers*.

On dit que le labour est profond, quand le sillon atteint une profondeur de 0ᵐ25 à 0ᵐ30. Ce labour ne convient guère qu'aux terres compactes suffisamment profondes, et se fait à l'entrée de l'hiver ; il a pour but de favoriser l'action de la gelée qui délite les mottes et accroît l'ameublissement. Il faut bien se garder d'en user, si le sol arable est peu profond, car le sous-sol, amené brusquement à la surface, diminue considérablement la fertilité à cause de l'absence de terreau : dans ces sortes de terre, on creuse progressivement à chaque labour, et on finit par améliorer ainsi, en quelques années, les terres médiocres.

De 0ᵐ15 à 0ᵐ25, le labour est appelé moyen. Il convient à toutes les terres et précède ordinairement les semailles.

Au-dessous de 0ᵐ15 le labour est dit *léger* ou *superficiel*. On le pratique pour recouvrir un engrais en poudre ou un amendement, pour remplacer un sarclage, afin de détruire les mauvaises herbes qu'on a laissé germer, ou pour faire une plantation de pommes de terre, etc.

On divise encore les labours suivant la disposition générale des sillons, en *labours en billons*, ou en *planches*, ou à plat.

Le labour en billons divise le champ en une série de plates-bandes étroites ou *billons*, formées de 4 raies au plus, et séparées par des *dérayures*, ou sillons non recouverts. On laboure ainsi dans toutes les terres fortes à pente nulle ou très faible, et à sous-sol peu perméable, les dérayures sont destinées à permettre l'écoulement des eaux en excès.

Le labour en *planches* divise le champ en bandes larges de deux à dix mètres, séparées l'une de l'autre par des dérayures. On le pratique dans les sols compactes à pente moyenne. Ces deux genres de labours se font avec la charrue ou l'araire à versoir fixe.

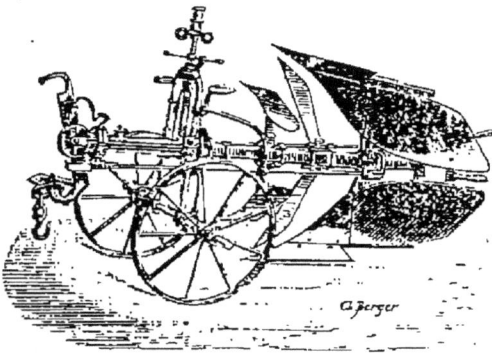

Charrue brabant double

Le labour à *plat* se fait dans les terrains en pente, et dans toutes les terres légères. On emploie pour l'effectuer la charrue à *double versoir* dite à *renversement*; la meilleure est appelée *brabant double*. (FIG. ci-contre). Les sillons se font successivement l'un contre l'autre, grâce au versoir mobile que l'on renverse à chaque extrémité du champ.

Le labour à plat peut seul être pratiqué lorsque l'on doit se servir du semoir et de la moissonneuse, qui exigent un terrain bien uni.

Moment favorable aux labours. — Pour qu'un labour soit bon, il ne suffit pas que le travail de la charrue soit bien fait, il faut aussi qu'il soit fait en temps opportun. Si la terre est trop mouillée, elle se coupe en tranches trop lisses, et forme des mottes très dures qu'il devient presque impossible de briser; ou bien elle demeure adhérente aux outils, et exige un tirage trop pénible. Si la terre est trop sèche, elle est très dure à couper, surtout dans les régions argileuses et marneuses compactes; ou bien ce n'est qu'une

poussière sans consistance qui glisse de côté sans se retourner, comme dans les sables et les calcaires.

Les terres fortes ont besoin de labours fréquents, parce
qu'elles se tassent vite, tandis que les sols légers, plus facilement pénétrés par l'air, n'ont pas besoin d'être soulevés
si souvent.

On peut considérer comme des labours légers les *her-
sages*, les *binages à la houe à cheval*, et les préparations exé-
cutées par le *scarificateur* et l'*extirpateur*.

Défoncement. — Les labours très profonds qui atteignent jusqu'à 0m40 de profondeur, et qui ont pour but de
mêler le sous-sol à la terre arable, s'appellent *défoncements*.

On défonce : 1° quand le sous-sol est de consistance
moyenne et peut améliorer le sol ou trop compacte ou trop
léger ; 2° dans les terrains qui n'ont encore subi aucun
labour, comme les friches.

Il faut se garder de défoncer quand le sous-sol est de
médiocre qualité ; on se contente alors de l'ameublir au
moyen de la *fouilleuse*: pour cela, on passe devant avec la
charrue, et dans le sillon, on suit avec la fouilleuse qui
divise le sous-sol, le soulève, sans le retourner ni l'amener
à la surface.

Défrichements. — **Écobuage.** — Les sols nouveaux qui n'ont jamais été cultivés ou ne l'ont pas été depuis longtemps, et où l'on passe la charrue, sont *défrichés*.
Quand on veut défricher, il faut d'abord enlever les grosses
pierres et arracher les souches. Ensuite, il faut arracher
les bruyères, les genêts, les broussailles, couper les fougères avant leur maturité, et brûler tous ces débris ; on
répand sur le sol les cendres ainsi obtenues. Puis il faut
labourer profondément, et défoncer s'il y a lieu.

Dans les terrains tourbeux ou compactes, avant de brûler les débris des premiers travaux, on pratique l'*écobuage*,
qui consiste à enlever tout le gazon que l'on met en tas avec
les autres matières combustibles pour brûler le tout ensemble. Les cendres ainsi obtenues *détruisent l'acidité de la
tourbe ;* tandis que dans les sols compactes, l'*argile calcinée*
sert d'amendement et les rend plus maniables.

Le défrichement et l'écobuage ne doivent être entrepris
que lorsqu'ils peuvent être rémunérateurs. Il faut donc
s'assurer d'abord des qualités réelles du sol et du sous-sol,

compter d'une part les frais qui seront toujours considérables, d'autre part le rendement possible, enfin, ne procéder que par petites étendues, d'année en année, afin de
ne pas y consacrer un temps utile ailleurs.

Drainage. — Il a déjà été question souvent de terrains sur lesquels séjournent longtemps les eaux de pluie.
Cet inconvénient est grand surtout dans les sols à pente
très peu sensible, où l'eau forme des mares qui détrempent
la terre et empêchent toute végétation, sans compter
qu'elles sont toujours la source de fièvres pernicieuses.

On corrige ce défaut par le *drainage*.

Pour drainer soit les prairies soit les champs, on creuse,
suivant *un plan déterminé à l'avance*, des fossés étroits appelés *drains*, dont la profondeur varie suivant le degré de
perméabilité du sol et du sous-sol, et atteint quelquefois
jusqu'à 1^m50. Au fond, ils ont à peine 10 ou 15 cent. de
largeur. La distance d'un drain à l'autre varie suivant les
mêmes causes, et va de 8 à 20 mètres.

Deux systèmes sont en usage pour permettre à l'eau de
s'écouler par ces fossés : ou bien on y met des *tuyaux de
drainage*, ou bien on y place des lames de pierre *schisteuse*,
les unes couvrant le fond, d'autres appliquées de chaque
côté, et formant les parois du canal ; enfin, d'autres plus
larges, qui recouvrent le tout, pour empêcher la terre et
les cailloux de boucher la conduite. On recouvre les tuyaux
ou les canaux de cailloux de plus en plus petits à mesure
qu'on s'élève ; cela permet à l'eau d'arriver jusqu'au fond.
Les conduits et les tuyaux ne sont pas cimentés, de sorte
que l'eau y entre partout à la fois et s'écoule à mesure.

Soit que l'on emploie les tuyaux, soit qu'on préfère les
canaux, ou même les cailloux simplement, comme plus économiques, il faut que le labour, quelque profond qu'il soit,
ne puisse jamais atteindre ni déranger les drains.

Il en est du drainage comme des défrichements ; il ne
faut procéder que progressivement, et ne pas entreprendre
pour chaque année plus qu'on ne peut mener à bien. Le
drainage d'un hectare ne doit pas coûter plus de deux à
trois cents francs.

Questionnaire. — Qu'est-ce que labourer? — Quelle profondeur donne-t-on aux labours? — Comment divise-t-on les labours, suivant la disposition des sillons? — Quel moment faut-il choisir pour labourer? —

Quand pratique-t-on le défoncement? Qu'appelle-t-on défrichement et écobuage? — A quoi sert le drainage?— Expliquez comment on fait pour drainer. — Quelle règle faut-il suivre, soit qu'on draine ou qu'on défriche?

Devoir. — *Donner la description de la houe à cheval, du scarificateur, de l'extirpateur, et en déterminer les différences dans le travail produit.*

CHAPITRE VII

CULTURE DES PLANTES

22ᵉ Leçon. — **LES CÉRÉALES.** — **LE BLÉ.**

SOMMAIRE. — Division générale des plantes cultivées. — Division des céréales. — Les variétés du blé. — Préparation du terrain. — Semences — Maladies du blé. – Semailles.— Soins d'entretien. — Récolte — Rendement.— Conservation des grains.

Division générale des plantes cultivées. — Les plantes cultivées peuvent être divisées en plusieurs catégories : 1° les *céréales;* 2° les *tubercules;* 3° les *racines;* 4° les *légumineuses alimentaires;* 5° les *plantes des prairies artificielles;* 6° les *plantes des prairies naturelles;* 7° les *plantes industrielles;* 8° la *vigne.*

LES CÉRÉALES

Division des céréales. — Les céréales sont : le *blé* ou *froment,* le *seigle,* l'*orge,* l'*avoine,* le *millet,* le *maïs,* le *sarrazin* (par extension).

Le blé. — **Les variétés du blé.** — Il existe un grand nombre de variétés du blé. On les divise en *blés d'automne* et en *blés de printemps;* les premiers se sèment en octobre ou novembre, et les seconds en mars.

La culture des blés d'automne est la plus répandue et la plus productive. Les meilleures variétés que l'on sème sont: 1° le *Square-head* à paille courte, très productif dans les terres argileuses, et peu sensible à la verse ; 2° le *Hickling,*

3° le *Dattel*, 4° le *Lamed*, 5° l'*Australie*, dont les produits sont très estimés et donnent plus de paille ; 6° le *Bordeaux* ou *Rouge-inversable*, à gros grains, peu difficile et d'un bon rendement, mais à paille un peu dure ; 7° le *Haie* à paille longue ; 8° le *Pédigrée rouge* à paille haute, grosse et forte, très bon dans les terres fortement fumées et bien travaillées ; 9° le *blé de Noé*, qui aime les sols calcaires ; 10° le *Goldendrop*, peu exigeant ; 11° le *Blod red* ou *Rouge d'Ecosse*, à épi rouge-brun, rustique et productif ; 12° le *blé Shirrif*, à épi carré, très productif. (Fig. ci-contre).

(Les grains supérieurs, au milieu de la figure, sont représentés à leur grandeur naturelle ; plus bas, les grains grossis.)

Parmi les blés de printemps, il faut citer : 1° le *Trémois* (3 mois) commun, et 2° la *Seisette barbue de printemps*. Ils sont peu cultivés et peu estimés ; le seul avantage qu'ils présentent, c'est que, à cause de la saison des semailles, ils exigent moins de semence.

Les blés se divisent

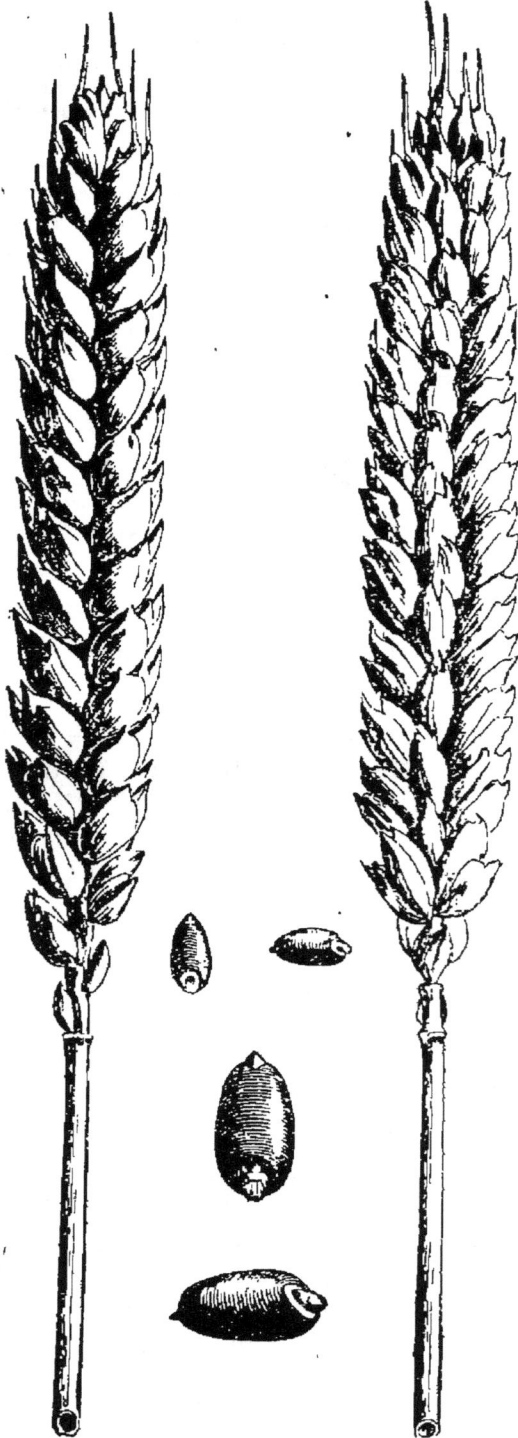

Blé shirriff à épi carré

encore, suivant la nature de leurs grains, en *blés tendres* et en *blés durs*. Les *blés tendres* sont : 1° les *Touselles*, à épis sans barbe ou à barbe courte ; 2° les *Seisettes*, barbus, à grains jaunâtres, dont l'écorce est épaisse, à paille dure peu estimée, que les bestiaux rebutent volontiers ; 3° les *Poulards*, à épis carrés, à gros grains, qui ne versent pas, mais dont la paille est dure et pleine.

Les *blés durs* sont les *aubaines*, dont le grain est demi-transparent, dont les épis sont carrés et barbus, et la paille pleine au sommet. Ces blés sont cultivés surtout dans les pays chauds, comme l'Italie et l'Algérie ; leur farine, difficile à pétrir à cause de la forte proportion de gluten et d'amidon qu'elle renferme, sert à fabriquer toutes les pâtes sèches connues sous le nom de *pâtes d'Italie*.

Enfin les *épeautres* sont des blés dont la *balle* ou enveloppe ne se détache pas du grain, comme celle de l'avoine. C'est une espèce très rustique, mais peu productive ; on ne la cultive guère que dans les pays froids.

Préparation du terrain. — Le blé veut une terre propre, bien nettoyée et bien ameublie. Dans les terres fortes, le dernier labour, assez léger, doit précéder les semailles de deux ou trois semaines au moins, pour que la terre se soit un peu tassée.

Bien que le blé demande un sol riche, il vaut mieux ne pas donner à la terre beaucoup de fumier de ferme immédiatement avant les labours, parce qu'il serait exposé à monter trop en paille, et même à verser. Il est préférable de fumer fortement la récolte précédente.

Pour ce qui concerne la fumure chimique, nous avons donné déjà les meilleurs moyens de l'appliquer au sol. La composition des cendres du blé montrera combien ces engrais sont nécessaires à cette culture, et pourra fournir des indications générales, en même temps que l'analyse du sol, pour déterminer approximativement une formule d'engrais chimique, ou plutôt les quantités nécessaires de chaque engrais minéral.

COMPOSITION DES CENDRES DU BLÉ

	Grain.		Paille.		Total.
Acide phosphor. .	52,49 p. 100		3.88 p. 100		56,37
Potasse . . .	31,95	—	19,74	—	51,69
Chaux	2,59	—	4,10	—	6,69
Magnésie . . .	10,95	—	1,36	—	12,31

Silice	0,66 p. 100	65,14 p, 100	65,80
Soude	0,19 —	0,13 —	0,32
Oxyde de fer . .	0,49 —	0,37 —	0,86
Acide sulfurique .	0,72 —	3,16 —	3,88
Chlore	0,04 · —	3,38 —	3,39

Des semences. — La variété de blé que l'on doit choisir dépend surtout de la nature du sol, et du degré de fertilité qu'on veut lui donner par les engrais. On ne peut donc rien déterminer de précis à ce sujet : l'expérience seule peut guider sûrement. C'est pourquoi toute ferme importante doit avoir un *champ d'expérience* de quelques ares, destiné à faire des essais de diverses natures, sur les variétés du blé, et sur les engrais qui leur conviennent.

On ne saurait prendre trop de soin dans *le choix* et *la préparation* des semences, car de ces soins et de cette préparation dépend en partie le succès de la récolte. Certains cultivateurs estiment qu'il vaut mieux acheter toujours la semence au dehors, sous prétexte que celle qui est récoltée sur le terrain même de la ferme y réussit moins bien. C'est là un préjugé : quand on possède une bonne variété bien acclimatée et non dégénérée, il suffit de *choisir soi-même convenablement*, dans la dernière récolte, le grain qui doit servir de semence pour obtenir d'*aussi bons résultats*. D'abord, on ne doit prendre que *des épis parfaitement mûrs*. Ensuite, on doit les prendre dans la partie la plus belle du champ, et trier autant que possible ceux qui sont courts et peu développés, pour ne conserver que *les plus longs et les plus chargés*. En effet, un épi court peut donner de gros grains, mais ces grains produiront plus volontiers des épis courts que des épis longs, puisque *toute semence perpétue les qualités ou les défauts de la plante qui l'a produite*. Tout ce travail peut paraître long et coûteux, mais l'achat des semences aussi est onéreux, et ne donne pas la même certitude quant à la qualité de la graine obtenue. *Il doit être fait non-seulement pour le blé, mais pour toutes les cultures en général.*

Maladies du blé. — Le blé, pendant la végétation, est sujet à trois maladies principales : la *carie*, le *charbon* et la *rouille*.

La *carie* attaque l'intérieur du grain, qui se transforme en une poudre noire de mauvaise odeur. — Le *charbon*, attaque les épis et les rend noirâtres ; il ressemble un peu à la carie. — La *rouille* tache les feuilles et les tiges du blé, à la suite des brouillards fréquents en avril, mai ou juin.

On cherche à prévenir ces maladies par le *chaulage* et le *vitriolage*, qui ont pour but de détruire *dans la semence* les champignons microscopiques qui en sont les germes.

Chaulage. — On délaie 3 kilog. de chaux vive dans 20 litres d'eau environ ; on arrose 1 hectolitre de grain avec ce lait de chaux ; on étend la semence ainsi mouillée et on la fait sécher le plus rapidement possible à l'air, en la remuant chaque jour.

Vitriolage. — On fait dissoudre 200 gr. de *sulfate de cuivre* ou *vitriol bleu*, dans 5 ou 6 litres d'eau chaude, pour 1 hectol. de semence ; on laisse refroidir la dissolution, et on en arrose le grain. On fait sécher ensuite comme pour le chaulage.

D'habitude, l'une seulement de ces opérations est pratiquée, et ne se fait que deux ou trois jours avant les semailles ; alors, on ne laisse pas sécher complètement la semence ; il suffit qu'elle soit ressuyée avant de la répandre.

Les semailles. — Le blé se sème du 1er octobre au 15 novembre. Dans notre région, on ne peut guère attendre en novembre, à moins d'un temps exceptionnellement doux ; il vaut mieux s'y prendre dès la fin de septembre ou le commencement d'octobre, pour que la jeune plante ait déjà acquis de la vigueur avant l'hiver.

On sème *à la volée* ou *en lignes*. Les semailles à la volée se font à la main et demandent à l'hectare de 200 à 250 litres de grain, que l'on recouvre par un fort hersage. Dans les terres légères, les cultivateurs devraient se décider à faire suivre la herse par le *rouleau plombeur*, qui tasse la terre autour de la semence, et accélère la germination.

Les semailles en lignes, bien préférables, se font avec le *semoir* (Fig. page 93). Les lignes doivent être espacées de 14 à 17 centimètres. Ce procédé ne demande que de 150 à 180 litres à l'hectare, parce que toute la semence est mieux répartie et mieux enterrée, et que le blé *talle* mieux, c'est-à-dire qu'un plus grand nombre de tiges sortent du même grain. Les semis en lignes présentent encore d'autres avantages ; le blé verse moins, devient plus vigoureux, et le rendement total est plus considérable. Les grains doivent être enfouis à une profondeur de 4 à 5 centimètres dans les terres fortes, et de 6 à 8 dans les terres légères.

Soins d'entretien — Au printemps, si la neige n'a pas couvert le sol pendant les gelées, et que la terre se soit soulevée, il est bon de passer le rouleau pour raffermir les racines, et faire taller davantage. En avril ou mai, on sarcle pour enlever les mauvaises herbes.

Récolte. On a l'habitude de couper les blés avant leur maturité complète parce que la farine est plus blanche, et que le grain se détache moins de l'épi pendant les opérations de la moisson. On ne laisse mûrir complètement que la partie qui doit fournir les semences. On reconnaît qu'il est temps de moissonner quand les épis et les feuilles sont jaunés, et que le grain est résistant sous la pression des doigts. Il

Semoir à cheval

ne faut jamais commencer la récolte par un temps humide.

La moisson se fait, comme nous l'avons vu, avec la *faucille*, avec la *sape*, avec la *faux* ou avec la *moissonneuse*.

Sitôt coupé, le blé est mis en javelles sur le champ, où il se sèche et achève de mûrir ; on l'y laisse deux ou trois jours au soleil, et on le met ensuite en gerbes qu'on rentre aussitôt dans la *grange* ou qu'on met en *meules*. Si l'on craint la pluie, on se hâte de mettre les javelles en gerbes puis en moyettes que l'on recouvre d'une botte de paille comme d'un chapeau. Si les javelles ont été mouillées, on choisit le premier moment de chaud pour les retourner avant de les lier, afin qu'elles se sèchent mieux.

Le blé est ensuite battu pour en faire tomber le grain, soit au *fléau*, ce qui est très long et très pénible, soit à la *machine à battre*, mise en mouvement de préférence au moyen d'un *manège*, ce qui est toujours facile à installer.

Si la *batteuse* ne nettoie pas le grain elle-même, il faut employer ensuite le *tarare* ou *grand van*. On termine ces opérations en séparant les grains par catégories de grosseur, au moyen du *crible* ou des *trieurs mécaniques*.

Rendement. — En général, en cultivant sans faire usage des engrais minéraux, on ne récolte guère que 13 quintaux de blé en moyenne à l'hectare. Au prix de 21 fr. cela représente une somme de 273 fr. qui, même avec le produit de la paille, dépasse à peine les frais de cette culture, quand elle ne leur est pas inférieure. — Les *frais de culture* comprennent les *labours*, la *fumure*, la *semence*, les *soins d'entretien*, les *frais de récolte*, etc. — Pour que la récolte devienne rémunératrice, il faudrait obtenir *au moins* de 20 à 25 quintaux à l'hectare. Mais on ne peut y arriver qu'en faisant des avances à la terre, en lui fournissant des engrais appropriés en abondance, et en choisissant des variétés spéciales. Dans les fermes où cette culture est bien dirigée, on atteint souvent des récoltes de 35 à 40 quintaux à l'hectare.

Conservation des grains. — On n'a pas encore trouvé un bon moyen pour conserver le blé. Dans les pays secs, comme l'Egypte, on le conserve en *silos* maçonnés. Un *silo* est un trou creusé en terre, cimenté de toutes parts, et voûté. On y laisse une ouverture qui puisse être fermée exactement. Le grain peut s'y conserver très longtemps, pourvu qu'il soit bien sec au moment où on l'y enferme.

Dans nos contrées, la construction d'un silo complètement imperméable n'est guère possible, à cause de la grande humidité du climat, qui entraînerait des dépenses trop élevées. Aussi, presque partout, on s'est arrêté au procédé suivant, qui, cependant, n'est pas parfait, mais qui est le plus commode. On porte le grain en sacs au grenier, et on le répand en tas peu épais ; on remue ces tas assez souvent pour que le blé se dessèche bien, pour qu'il fermente moins, et ne s'échauffe pas, et pour chasser les insectes qui l'attaquent.

Questionnaire. — Comment divise-t-on les plantes cultivées ? — Comment divise-t-on les céréales ? — Quelles sont les meilleures variétés de blé ? — Qu'est-ce que les blés tendres et les blés durs ? — Comment le terrain où l'on sème le blé doit-il être préparé ? — Que renferment surtout les cendres du blé ? — Parlez du choix des semences, et de la manière de se les procurer. — Quelles sont les maladies du blé et comment les prévient-on ? — Comment sème-t-on le blé ? — Quels soins faut-il en prendre ? — Quand et comment récolte-t-on ? — Combien de blé rend-il ? — Comment conserve-t-on le grain ?

Devoirs. — *1° Quels sont, par hectare, les frais de culture d'un champ de blé, si la journée d'un homme vaut 3 fr., et celle d'un cheval 7 fr. (Se renseigner dans la famille pour l'estimation du temps, de la fumure, de la semence, etc.)*

2° À un champ de 20 ares, on a donné 200 kil. de phosphate naturel, contenant 15 p. 0/0 d'acide pur à 0 fr. 18 le kil d'acide. La récolte en paille a été de 1550 kil., et le grain a pesé les 2/5 de la paille. Un champ voisin, de même contenance, n'a pas reçu de phosphate ; sa récolte a été de 1000 kil. de paille et de 1/3 de ce poids de grain. Quelle est la différence de bénéfice, le blé valant 23 fr. 50 le quintal, et la paille 4 fr. 80.

23e Leçon. — **LES CÉRÉALES** (Suite et fin).

SOMMAIRE. — Le seigle. — L'orge. — L'avoine. — Le maïs. — Le millet. — Le sarrazin. — Culture, récolte, rendement et usages de chacune de ces plantes.

Le seigle. — Le seigle n'est cultivé que dans la partie montagneuse des Vosges, où la terre est sablonneuse et se prêtait mal, avant que l'usage des engrais minéraux y ait été introduit, à la culture du froment. Mais on l'abandonne peu à peu dans le fond des vallées, et bientôt, on ne le trouvera plus que dans des champs mal exposés, où le blé mûrirait mal.

Le seigle est plus rustique que le froment, exige moins de soins, mais rapporte bien moins au total, parce que sa farine, peu estimée, ne donne que du pain noir.

Les travaux de préparation du sol sont les mêmes que pour le froment. On le sème ordinairement vers la fin de septembre ou le commencement d'octobre. Il n'a pas besoin d'être chaulé ni passé au sulfate de cuivre, parce qu'il n'est pas attaqué par la carie. Il est cependant sujet à une maladie spéciale : le grain pendant la végétation, devient noir et s'allonge en se recourbant comme un *ergot;* c'est ce qui lui a fait donner le nom de *seigle ergoté*. C'est un poison assez violent. Le seigle qu'on sème au printemps s'appelle *trémois* (trois mois).

Si l'on mêle du froment et du seigle pour les semer, on obtient le *méteil*. dont on ne fait point de semence.

L'orge. — On cultive les *orges d'hiver* et les *orges de printemps*. La meilleure variété d'orge d'hiver est l'*escourgeon*, dont l'épi est carré et à 6 rangs. Elle se sème vers la fin de septembre.

L'orge commune de printemps ou *baillarge*, à deux rangs, se sème en mars ou avril.

L'orge veut un sol bien ameubli et bien nettoyé : cette céréale se cultive comme le froment ; seulement, il faut enterrer la semence plus profondément. On emploie environ 250 litres de semence pour les variétés d'hiver, et environ 200 litres pour celles de printemps.

Les orges se récoltent dans le mois de juillet. Ce sont les escourgeons qui rapportent le plus : 30 à 40 hectolitres à l'hectare, pesant jusqu'à 65 kil. à l'hectol. tandis que les baillarges ne donnent guère plus de 25 hectol., pesant de 55 à 60 kil. l'un.

L'orge sert surtout à la fabrication de la bière. On l'utilise aussi pour la nourriture des animaux, et quelquefois même pour celle de l'homme. Elle a des propriétés légèrement purgatives.

Il arrive souvent qu'on fauche au printemps l'orge d'hiver en guise de fourrage vert.

Avoine. — Comme les autres céréales, les avoines se

divisent en *variétés d'hiver* et *variétés de printemps*. Les meilleures variétés d'hiver sont : la *commune à grain grisâtre*, et la *noire de Belgique* ; elles sont d'un bon rendement, et donnent jusqu'à 40 hectol. à l'hectare. Elles se sèment au commencement d'octobre, à raison de 250 à 300 litres à l'hectare.

Les meilleures variétés de printemps sont : la *commune à grain grisâtre*, l'*avoine jaune de Sibérie*, rustique et productive, l'*avoine de Brie*, à grain noir, plus difficile sur la qualité du sol, et l'*avoine unilatérale de Hongrie*, à grain noir ou jaune, très productive, mais plus difficile encore. L'avoine de printemps se sème en février, et donne de 25 à 30 hectolitres à l'hectare, pesant de 45 à 50 kil. l'un.

L'avoine aime les sols neufs, les défrichements, et y donne d'excellentes récoltes. Elle se cultive à peu près comme le froment, mais elle exige bien moins de soins pendant la végétation.

On la récolte vers la fin de juillet ou au commencement d'août, après le seigle et le froment.

L'avoine sert à peu près exclusivement à la nourriture des bestiaux ; sa paille est elle-même utilisée surtout comme aliment, parce qu'elle est plus tendre et plus nourrissante que celle des autres céréales. Cependant, il ne faut pas la donner au cheval, parce qu'elle le rend quelquefois asthmatique.

Maïs. — Le climat vosgien est trop froid pour le *maïs* ou *blé de Rome*, ou *blé de Turquie*, qui veut un printemps précoce et un automne tardif. Les produits seraient peu rémunérateurs ; on ne doit, par conséquent, le cultiver dans notre région que comme fourrage vert, en le semant à la fin d'avril ou au commencement de mai. On le met presque toujours en lignes, espacées de 0m50 environ. Il se sème aussi quelquefois à la volée. Si on veut le laisser mûrir pour récolter sa graine, il lui faut alors un espace de 0m70 à 0m80. On emploie d'habitude de 50 à 70 litres de semence à l'hectare.

Le sol doit être pour cette culture, très meuble, profond, un peu humide, et assez riche en calcaire. Les terrains d'alluvion sont ceux qui lui réussissent le mieux. Le maïs craint les sols trop argileux et trop compactes, où la germination du grain est difficile.

Les meilleures variétés qui conviennent au pays sont : le *quarantain*, très précoce, mais peu productif, et les *maïs blancs*, qui ne sont guère employés qu'à titre de fourrages, comme le *caragua* ou *dent de cheval*. (FIG. ci-dessous).

On sarcle la plante, on la bine légèrement lorsqu'elle montre sa quatrième feuille, et on éclaircit, si c'est nécessaire. On la butte quand elle a environ 0^m50 de hauteur. Lorsque la *barbe* du maïs se fane, c'est-à-dire quand les longs fils blancs et tendres des fleurs femelles commencent à brunir, on écime la plante, c'est-à-dire que l'on supprime les *fleurs mâles* qui occupent le sommet. Ces fleurs mâles forment un bon fourrage.

Le maïs ne mûrit pas avant la fin de septembre, et dans nos pays, il faut attendre jusqu'en octobre. On coupe les épis à la main, et on les met

Maïs géant caragua

en couches peu épaisses au grenier ; on les remue de temps en temps pour favoriser leur dessiccation. En hiver, on égrène les épis, soit à la main, soit avec l'*égrenoir*. On obtient à l'hectare de 20 à 25 hectolitres pesant chacun en moyenne 75 kil.

Les tiges peuvent servir soit à la litière, soit à l'alimentation du bétail. Les grains forment une excellente nourriture pour l'engraissement de tous les animaux ; on en fait aussi de l'amidon, du *glucose* ou sucre d'amidon et des alcools. Enfin, on utilise quelquefois sa farine pour l'alimentation de l'homme.

Millet. — Cette graminée n'est presque plus cultivée dans les Vosges. On en connaît deux variétés principales : le *millet commun* et le *millet d'Italie*. Il veut, comme le maïs, une terre profonde, un peu humide, et bien fumée au fumier de ferme. Il se sème au printemps ou en été, à raison de 30 litres à l'hectare ; il rapporte de 25 à 30 hectolitres pesant chacun 70 kil. environ.

Sarrazin ou blé noir. Le *sarrazin n'appartient pas à la famille des graminées*, mais à celle des *polygonées*, comme la *renouée* et l'*oseille*. Il se cultive dans les terrains pauvres, légers et granitiques. Il craint les gelées tardives, et ne peut être semé avant le milieu de juin. On emploie de 70 à 80 litres de semences à l'hectare, qu'on répand à la volée et qu'on recouvre à la herse. Il aime les engrais minéraux, surtout l'acide phosphorique et la chaux. C'est une plante de rendement faible ; elle ne donne guère plus de 15 hectolitres à l'hectare.

Questionnaire. — Doit-on continuer la culture du seigle dans les pays où on le produisait ? — Comment cultive-t-on le seigle ? — Quelle est la maladie qui l'affecte ? — Qu'appelle-t-on trémois et méteil ? — Quelles sont les principales variétés d'orge ? — Comment les cultive-t-on ? — Quel est leur rendement et leur usage ? — Dites ce que vous savez de l'avoine, de sa culture et de ses usages. — A quoi peut servir le maïs dans les Vosges ? — Comment le cultive-t-on ? — Parlez du millet et du sarrazin.

Devo'rs. — *Quels sont les travaux de culture à exécuter en février et mars ? — En faire la description.*

2° Développer les différents usages de la paille (paille de froment, de seigle, d'avoine).

24ᵉ Leçon. — TUBERCULES

SOMMAIRE. — Diverses sortes de pommes de terre. — Préparation du terrain. — Maladie de la pomme de terre. — Semis et plantation. — Soins d'entretien, ébourgeonnement. — Récolte et conservation. — Topinambour. — Culture et rendement.

Les plantes cultivées pour leurs *tubercules* sont : la *pomme de terre* et le *topinambour*. — Un tubercule est un renflement qui se produit sur les racines ou les *tiges souterraines* de certaines plantes ; ceux de la pomme de terre et du topinambour sont de véritables *tiges souterraines*.

POMMES DE TERRE

Diverses sortes de pommes de terre. — La pomme de terre est, après le blé, une des plantes les plus utiles à l'homme. Elle nous vient d'Amérique. Dès le xviᵉ siècle, des tentatives furent faites pour l'introduire en Europe ; elle était connue de bonne heure en Allemagne et même en Lorraine ; mais ce ne fut que grâce aux efforts de *Parmentier*, vers 1785, que son usage se répandit en France.

Il en existe un grand nombre de variétés, qu'on divise suivant leur forme : 1° en *patraques*, qui sont rondes ; 2° en *parmentières*, qui sont longues et aplaties ; 3° en *vitelotes*, qui sont allongées et cylindriques.

Dans les jardins, on cultive la *Marjolin*, peu productive, mais très précoce, et la *jaune longue de Hollande*, un peu moins hâtive, mais beaucoup plus féconde.

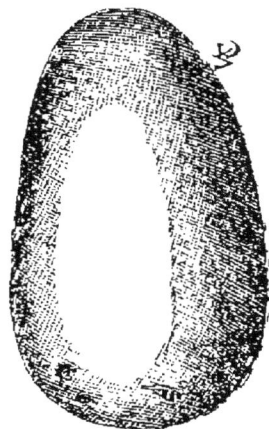

Dans la grande culture, les meilleures variétés sont : 1° la *Magnum bonum* qui mûrit en septembre ; 2° l'*Early rose*, précoce, un peu moins productive, très bonne pour l'alimentation, mais qui, en cave, conserve mal ses bonnes qualités : 3° la *Farineuse rouge*, bien productive ; 4° le *Caillou blanc* (Fig. ci-contre), de qualité supérieure, très productive et excellente pour l'alimentation ; 5° les nouvelles variétés, qu'on appelle *Institut de Beauvais* (Fig. page 101), productive et résistant plus que les autres à la pourriture ; 6° la *Richter's-Imperator*, très riche en fécule, et très productive.

Pomme de terre
Caillou blanc

Préparation du terrain. — La pomme de terre préfère les terres légères aux terres fortes, et les sols sablonneux aux sols calcaires. Elle veut un terrain bien meuble et assez fertile. A cause de sa richesse en *fécule*, elle demande de la potasse, mais en quantités assez faibles, tandis que les phosphates et les engrais azotés lui sont très utiles ; mais il faut éviter les fumiers trop actifs et la chaux, qui font naître sur le tubercule des espèces de *verrues* nuisibles à la qualité et à la conservation de la plante.

Maladie de la pomme de terre. — Les champs humides sont mauvais pour la pomme de terre, parce qu'elle s'y gâte plus volontiers qu'ailleurs. Cette maladie est due à un petit champignon microscopique appelé *péronospora infestans*. Pour le combattre, le remède le plus efficace est la *bouillie bordelaise* (1). Ce liquide doit être répandu sur les

---

(1) Pour préparer la bouillie bordelaise, on verse un *lait de chaux* formé de 6 kil. de chaux grasse délayée dans 50 litres d'eau, sur une dissolution de 6 kil. de *sulfate de cuivre* dans 50 litres d'eau. Tout doit être préparé dans des vases en bois, et il faut éviter de verser la dissolution de sulfate de cuivre sur le lait de chaux. Il faut, à l'hectare, 200 lit. de bouillie bordelaise pour chaque traitement.

feuilles, et les fanes une première fois au commencement de la floraison, au moment des premières atteintes du mal, et une deuxième fois un mois ou un mois et demi après. On fait cet arrosage, soit au moyen d'un *pulvérisateur* spécial,

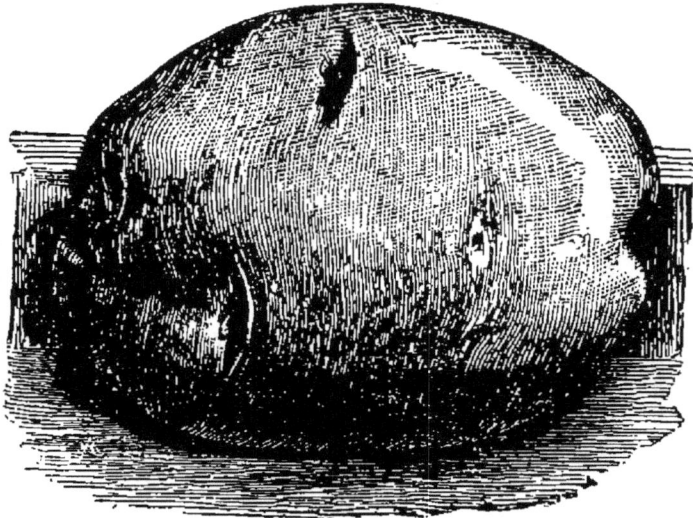

Institut de Beauvais

soit avec un petit balai. On reconnaît que les pommes de terre sont attaquées quand les feuilles pâlissent, jaunissent et se tachent ; ces taches gagnent rapidement les tiges, et pénètrent dans le sol où elles atteignent les tubercules et les décomposent. Un autre moyen préservatif quelquefois employé, consiste à couper les fanes atteintes aussitôt qu'on aperçoit ces taches sur les feuilles, et à les brûler immédiatement hors du champ.

Semis et plantation. — La pomme de terre se reproduit de deux manières : par *semis* et par *plantation*.

Les *baies* que produisent les fleurs de la pomme de terre renferment les semences. On fait sécher ces baies et on en sème les graines en pépinière au printemps dans un terrain de fertilité moyenne, bien ameubli et bien sarclé : quelques mètres carrés suffisent. La première récolte ne donne que des plantes et des tubercules très petits ; mais l'année suivante, ces tubercules plantés comme on fait d'habitude dans l'autre procédé, donnent déjà une assez bonne récolte. C'est par ce moyen qu'on obtient les variétés nouvelles. Il est très bon de le pratiquer de temps en temps, pour rajeunir la plante, et redonner de la vigueur aux espèces.

La *plantation*, qui est le procédé employé pour la production en grand de la pomme de terre, se fait avec des tubercules choisis parmi les plus beaux, les mieux garnis d'yeux et de grosseur moyenne. Il est mauvais de couper ceux qui sont trop gros, sous prétexte d'économiser la semence, parce que la blessure faite ainsi peut en provoquer la décomposition. Pour éviter que les *bourgeons* qui se trouvent au fond des *yeux* poussent avant la plantation, on expose les tubercules *à l'air et au soleil* sur des claies, à l'automne, jusqu'aux premiers froids, et au printemps jusqu'au moment de les mettre en terre ; ils prennent ainsi une *teinte verte, et perdent leurs qualités nutritives*; mais leur végétation ne commence que lorsqu'ils sont plantés, et leurs pousses sont bien plus vigoureuses.

Au mois d'avril, on procède à la plantation, soit à la houe, comme dans la petite culture, soit à la charrue. Dans ce dernier cas, une personne suit la charrue et dépose les pommes de terre dans le sillon, à une distance d'au moins 0^{m}40 l'une de l'autre. Le sillon suivant les recouvre, et demeure vide, de sorte qu'il n'y en a que dans un sillon sur deux. Selon que les tubercules se rassemblent plus ou moins près des tiges, ces distances doivent être augmentées ou diminuées.

Soins d'entretien ; ébourgeonnement. — Lorsque les premières pousses commencent à se montrer, on bine énergiquement une première fois. Au bout de quelques semaines, on bine de nouveau, pour bien sarcler les mauvaises herbes, et bien ameublir le sol, surtout dans les terres un peu fortes ; enfin on butte, soit à la houe soit au buttoir.

Au début de la floraison, il serait bon de pratiquer une opération que l'on connaît à peine dans notre département et qui donne d'excellents résultats : c'est *l'ébourgeonnement*. Il consiste à couper vers la pointe, en les pinçant, les *rameaux* et les *tiges* qui ne portent point de fleurs, et à supprimer même quelques-unes des terminaisons florales, lorsque leur nombre dépasse trois ou quatre. C'est une véritable taille qui force la sève à se porter sur les tiges souterraines, et favorise le développement des tubercules, **qui** grossissent ainsi plus régulièrement, sont bien moins sensibles avant leur maturité aux périodes d'humidité et de sécheresse, et voient augmenter leurs qualités de toutes sortes. Cela n'exige un travail ni long, ni pénible, que la plus-value de la récolte paie largement.

Récolte et conservation. — La récolte des pommes de terre se fait en octobre, quand les fanes sont sèches ou à peu près. On se sert pour cela de la houe à dents, ou mieux, de l'*arrache-pommes de terre*, instrument attelé, peu parfait encore, mais qui rend cependant des services en économisant la main-d'œuvre. On laisse ordinairement les tubercules se ressuyer sur le sol pendant une heure ou deux, avant de les mettre en sacs ou en tas pour les rentrer. Presque toujours, ceux qui sont destinés à la plantation de l'année suivante, sont mis à part immédiatement ; on les choisit naturellement dans les plants les plus beaux, les plus vigoureux, les plus mûrs et les mieux garnis. Souvent même, et avec raison, les autres tubercules sont séparés par catégories de grosseur.

Il ne faut pas oublier que les pommes de terre verdies par la lumière du soleil sont nuisibles à la santé des hommes et des animaux.

La pomme de terre peut donner de 150 à 250 hectolitres à l'hectare ; un hectolitre pèse de 70 à 75 kilog.

Il est bon de prendre quelques précautions pendant la récolte, pour ne blesser les tubercules que le moins possible ; ceux qui ont été trop maltraités se gâtent facilement.

A la cave, ou dans le silo, il ne faut pas placer la récolte sur le sol nu, mais sur un plancher non joint, surélevé de quelques centimètres par des soliveaux. L'air a ainsi accès par dessous le tas, et traverse toute la masse, ce qui diminue l'échauffement et la fermentation ; lorsque le tas doit être un peu fort, on active le passage de l'air par des *cheminées d'appel*, faites de lattes, qui le traversent verticalement (1).

La pomme de terre craint l'*humidité*, la *gelée* et la *lumière*. La cave ou le silo doivent donc être secs, à l'abri du froid, et dans une obscurité complète.

La pomme de terre sert, comme nous l'avons vu, à la nourriture de l'homme et des animaux : on en tire aussi la

_____

(1) On peut aussi couvrir le sol avec des fagots ouverts, et faire la cheminée d'appel avec une perche entourée de branches sèches.

fécule, si employée dans une foule d'industries. Enfin, dans certains pays, on lui fait subir une fermentation alcoolique, et on la distille.

TOPINAMBOUR

Culture et rendement. — Le *topinambour* (FIG. ci-dessous) vient aussi d'Amérique. C'est un tubercule que les animaux mangent avec plaisir, mais sa saveur est moins agréable que celle de la pomme de terre, de sorte qu'il sert rarement à l'alimentation de l'homme. *On le cultive trop peu dans les Vosges.* La terre qu'il préfère, la préparation du sol, les engrais, les soins d'entretien, sont les mêmes que pour la pomme de terre. La récolte se fait à mesure des besoins, car *le topinambour ne craint pas les fortes gelées.* Il suffit, par conséquent, d'en arracher à l'automne ce qu'il en faut pour la consommation de l'hiver. Il peut rester avec avantage sur le même terrain pendant plusieurs années : il suffit de retourner le champ à la charrue au printemps, et de biner quand la plante est levée, car les racines vivaces qui sont restées après la récolte suffisent à la reproduction. Il est bon de fumer tous les ans au fumier de ferme, au moment du labour.

Il donne des tiges assez hautes qui peuvent servir de fourrage vert ou même de fourrage sec. Dans le premier cas, on coupe les fanes au moment de la pleine fleur, ce qui diminue un peu la récolte, mais sans grande perte, à cause de la qualité même de ce fourrage. Dans le second cas, on attend la maturité, mais le fourrage est médiocre, et ne peut servir qu'après avoir été battu au fléau.

Malgré tous les efforts, on ne parvient pas à enlever tous

Topinambour

les tubercules, et il est assez difficile d'en débarrasser un champ lorsqu'on veut remplacer cette culture. Cependant, si on la fait suivre d'un trèfle à faucher en vert, on détruit les plantes qui persistent, parce qu'elles ne résistent pas à plusieurs coupes dans une année.

Le topinambour donne de 200 à 250 hectolitres à l'hectare. Un hectolitre pèse environ 75 kilog. C'est une plante qu'il faudrait cultiver davantage dans tous les sols légers.

Certains pays la cultivent en grand pour la distillation.

Questionnaire. — Quelles sont les plantes que l'on cultive pour leurs tubercules? — Énumérez les principales espèces de pommes de terre? — Quels sont les sols et les engrais qui leur conviennent le mieux? — A quelle maladie la pomme de terre est-elle sujette? — Dites comment cette plante se reproduit. — Comment se fait la plantation? — Quels soins réclame la jeune plantation? — A quoi sert l'ébourgeonnement et comment le fait-on? — Parlez de la récolte et du rendement. — Comment conserve-t-on la pomme de terre? — Comment conserve-t-on les tubercules à planter. — Parlez du topinambour.

Devoir. — *Raconter, d'après le récit du maître ou d'après une lecture, l'histoire de Parmentier, faisant garder son champ de pommes de terre pendant le jour seulement, pensant bien qu'on viendrait la nuit dérober quelques tubercules afin d'essayer cette culture. Réflexions.*

25ᵉ Leçon. — LES RACINES

SOMMAIRE. — Diverses racines cultivées. — 1° La BETTERAVE : diverses variétés. — Préparation du terrain. — Soins de culture. — Récolte. — 2° La CAROTTE : variétés, culture et rendement. — 3° LE PANAIS. — 4° La RAVE et le NAVET. — 5° Le RUTABAGA.

Diverses racines cultivées. — Les racines cultivées soit pour l'alimentation de l'homme, soit pour celle des animaux sont : la *betterave*, la *carotte*, le *panais*, le *navet* ou *rave*, et le *rutabaga*.

1° LA BETTERAVE

Diverses variétés. — *La betterave est une des racines fourragères les meilleures pour l'alimentation des bestiaux.* Les principales variétés dont la culture est la plus répandue sont : la *betterave disette rose*, à racine droite, sortant à moitié de terre, très productive ; la *disette blanche*, productive, mais très souvent ligneuse à la partie centrale ; le *globe jaune*, sphérique, sortant à moitié de terre, très productive ; la *jaune ovoïde des Barres* (Fig. page 106), très nutritive, d'un fort rendement, et se conservant bien. Le *mam-*

mouth rouge, d'un volume considérable, presque conique, et le *tankard*, de couleur jaune orange, sont aussi toutes deux d'une culture avantageuse.

Les variétés destinées spécialement à *produire du sucre* ne sont pas cultivées dans les Vosges, où il n'y a pas de sucreries ; mais il est bon de les connaître au moins de nom. Ce sont : la *blanche de Silésie*, la *jaune de France*, la *betterave de Brabant*, et les variétés blanches à *collet vert*, à *collet rose*, et à *collet gris*. Les *pulpes* des betteraves, après l'extraction du sucre, sont utilisées soit pour la fabrication de l'alcool, soit pour l'engraissement des bestiaux.

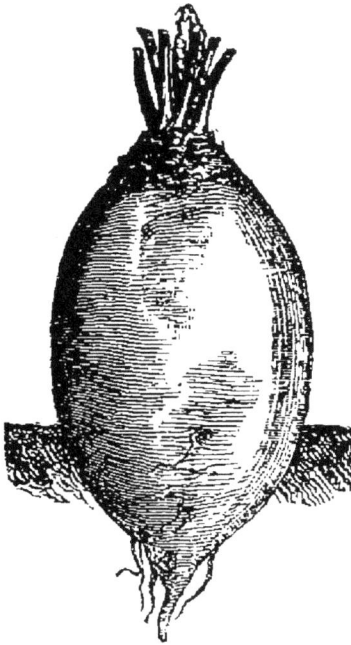

Préparation du terrain. — La betterave aime les terrains de consistance moyenne, un peu humides, profondément ameublis et bien fumés. On a l'habitude de lui donner plusieurs labours : un labour profond à l'automne, et un autre en janvier ou février, qui recouvre le fumier ; enfin un troisième labour, suivi d'un hersage énergique, précède immédiatement la semaille. Les *engrais*

Betterave jaune ovoïde
des Barres

minéraux phosphatés et *azotés* sont excellents pour la betterave. Les plâtres et les engrais potassiques lui sont bons aussi ; mais l'engrais humain désinfecté et les engrais liquides exercent surtout la meilleure influence sur sa végétation.

Soins de culture. — On sème ordinairement la betterave du milieu de mars au milieu d'avril, à raison de 5 à 6 kilog. de semence à l'hectare. Dans le nord de la France, on sème en pépinière ; dans le centre et le midi, on sème en place. Dans notre région, il vaut mieux ne pas repiquer.

Les semis en place et les replants se font en lignes espacées de 0ᵐ50 à 0ᵐ60, pour permettre à la houe à cheval de faire rapidement les binages. Dès que les feuilles ont quelques centimètres, on fait passer une première fois la houe à cheval ; un mois au plus après, on donne un second binage ; et en juillet-août on en donne un troisième. Avant le premier, il est excellent de répandre, sur les lignes, du *nitrate de soude*, à raison de 150 à 200 kilog. à l'hectare ; la végétation est ainsi fortement activée.

Beaucoup de cultivateurs effeuillent la betterave, pour économiser le fourrage. Cela nuit beaucoup à la végétation, *car ce sont les feuilles des plantes qui digèrent la sève* pour ainsi dire, et la *rendent propre à former le corps des végétaux.* Il ne faut donc enlever que les feuilles qui jaunissent, et ne le faire que peu de temps avant la récolte.

Récolte. — On arrache les betteraves le plus tard possible, afin que leur richesse en sucre soit plus grande. C'est ordinairement dans le courant d'octobre que cette opération se fait. On coupe aussitôt le collet, pour empêcher la pousse de nouvelles feuilles, qui se produiraient aux dépens de la racine, et on les met en cave ou en silo, où la conservation se prolonge aisément.

La betterave donne de 25 à 50,000 kilog. de racines à l'hectare. Elle est donc d'un excellent rapport, et doit être cultivée comme fourrage ; mais il faut se rappeler qu'elle veut un sol riche, et des engrais actifs.

2° LA CAROTTE

Variétés, culture et rendement. — Les variétés de *carottes fourragères* sont assez nombreuses ; les deux espèces les plus estimées et les plus répandues sont: la *blanche à collet vert*, longue et sortant ordinairement d'un tiers hors du sol, et la *carotte des Vosges* (Fig. ci-contre), plus courte et ne sortant pas du sol.

Cette racine est moins exigeante que la betterave ; mais elle veut aussi un sol assez frais, profond et bien ameubli. La fumure est la même pour l'une que pour l'autre. Naturellement, dans les sols profonds et bien meubles, on doit préférer le collet vert à la carotte des Vosges, comme plus productive.

On la sème au printemps, en ligne ou à la volée, à raison de 7 à 8 kil. par hectare, et on recouvre par un coup de herse.

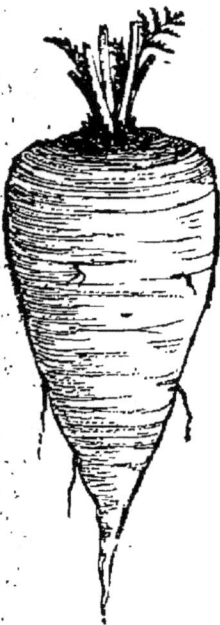

Carotte blanche des Vosges

C'est une plante que l'on obtient surtout, dans notre région, en culture dérobée: au printemps, on la sème à la volée avec un froment ou un seigle de printemps; ou bien sur une céréale d'hiver avant le premier sarclage, qui suffit à recouvrir la semence. Lorsque la céréale est récoltée, on *déchaume* le plus rapidement possible, et on arrose abondamment de purin coupé d'un peu d'eau, au moment de la première pluie.

Si elle est cultivée seule, on lui donne plusieurs binages et sarclages, c'est pour cela qu'il est plus commode de la mettre en lignes.

La récolte se fait en octobre; on coupe les feuilles au collet, et on conserve la racine à la cave ou en silo. Les feuilles constituent un excellent fourrage à consommer immédiatement.

La carotte cuite ou crue est un des aliments préférés des animaux; elle est plus nourrissante que la betterave, et convient surtout aux vaches laitières.

3° LE PANAIS

Le panais, de la même famille que la carotte (ombellifères), se cultive comme elle, aime les mêmes sols, et se récolte de la même manière. C'est pour les bestiaux une excellente nourriture que, dans certaines régions, on préfère même à la carotte. Ces deux racines redoutent peu la gelée.

4° LE NAVET ET LA RAVE

Dans beaucoup de pays, on confond sous le même nom ces deux plantes, que tantôt on appelle *navet* et tantôt *rave*. Elles sont d'ailleurs assez voisines l'une de l'autre, et se cultivent exactement de la même manière.

Les *raves* et les *navets* peuvent être divisés en deux catégories, les *aplatis* et les *oblongs*. Ils aiment un sol léger et frais, et réussissent mal dans les sols compacts ou trop calcaires. La préparation du sol, les engrais, les soins d'entretien pendant la végétation sont les mêmes que pour la carotte.

On sème, soit à la volée, soit en lignes, vers le mois de juin, à raison de 2 à 3 kil. de semence à l'hectare; on roule ensuite, puis on sarcle, on bine, et on éclaircit. La récolte se fait à l'automne. Le navet redoute peu les gelées, et dans les régions où les hivers sont peu rigoureux, on ne l'arrache qu'à mesure des besoins.

On peut semer aussi le navet dans une céréale, comme la carotte ; mais on préfère ordinairement le procédé suivant : sitôt après la moisson, on déchaume par un labour moyen ; on sème immédiatement, et on recouvre à la herse. On ne récolte qu'à partir de novembre ; les navets obtenus ainsi sont moins gros, mais ils sont plus tendres et plus savoureux.

C'est une bonne nourriture pour les vaches laitières, mais qui produit un lait peu riche ; il faut donc le mêler toujours aux autres aliments.

5° LE RUTABAGA

Rutabaga

Le *rutabaga* (FIG. ci-contre), qu'on connaît davantage sous le nom de *chou-navet* ou *navet de Suède*, réussit bien dans tous les sols. Il aime les landes défrichées, et n'est pas très exigeant en engrais. Il est d'une conservation facile. On en connaît deux variétés principales, l'une blanche, l'autre jaune, également bonnes et productives.

La culture et les soins d'entretien sont les mêmes que pour le navet. C'est une plante trop délaissée, pour l'alimentation des bestiaux.

Questionnaire. — Quelles sont les plantes que l'on cultive pour leurs racines ? — Donnez les principales variétés de betteraves. — Comment se prépare le terrain ? — Quels engrais faut-il ? — Comment se cultive la betterave ? — Faut-il l'effeuiller ? — Parlez de la récolte et du rendement. — Comment cultive-t-on la carotte ? — Forme-t-elle un bon aliment ? — Parlez du panais. — Développez rapidement la culture du navet. — Cette racine vaut-elle la carotte ? — Où réussit le mieux le rutabaga.

Devoir. — *Avantages qu'on retirerait, pour les produits du bétail, de l'extension culturale de toutes les racines fourragères, principalement du topinambour, de la betterave et du rutabaga.*

26ᵉ Leçon. — LÉGUMINEUSES ALIMENTAIRES

SOMMAIRE. — Diverses légumineuses alimentaires. — 1° Le Haricot : variétés.
— Culture. — Récolte. — 2° Le Pois : culture et rendement. — 3° Fèves. —
4° Lentilles. — Engrais des légumineuses.

Diverses légumineuses alimentaires. — Les
plantes appartenant à la famille des *légumineuses* que l'on
cultive pour leurs fruits sont : 1° le *haricot* ; 2° le *pois* ; 3° la
fève ; 4° la *lentille*.

1° LE HARICOT

Variétés. — Il existe un grand nombre de variétés
d'haricots, qu'on peut ranger en deux catégories : les *haricots nains*, et les *haricots ramés*.

Le *haricot de Soissons*, nain ou ramé, est le plus productif, mais non le meilleur. Il se consomme en sec. A côté, il
faut citer le *haricot sabre*, un peu moins productif ; le *haricot
princesse*, dit aussi *haricot mange-tout* ; le *haricot rouge*, assez
tardif, mais bon, tous ramés ; parmi les haricots nains, les
plus renommés sont, après le *Soissons* ou *gros-pied*, le *haricot de Laon* ou *flageollet*, le *haricot suisse*, etc.

Culture. — Cette plante aime un terrain meuble, ni trop
compacte, ni trop léger, et assez frais. Elle aime aussi l'ombre, mais au pied seulement ; c'est pourquoi on la cultive souvent dans les vignes. Les variétés blanches sont les
plus estimées, mais ce sont aussi les plus délicates. On
ne sème le haricot que vers le mois de mai, à cause des
gelées, qu'il redoute beaucoup. On le met toujours en lignes, ordinairement rapprochées deux à deux. Il réclame
quelques binages, faits de manière à ne pas toucher aux
racines.

Récolte. — Pour récolter en vert, il faut couper le *pédoncule de la cosse* sans tirer, pour ne pas déranger le pied et
ne pas rompre les tiges. Quand on destine la récolte à la
conservation des grains en sec, on la laisse mûrir le mieux
possible ; mais si le temps devient humide, on récolte plus
tôt, et on porte la plante arrachée à l'abri, où les cosses
achèvent de mûrir en se desséchant.

Le haricot est d'un bon rendement, même dans la grande culture.

2° LE POIS

Culture et rendement. — On cultive le pois à peu près comme le haricot; mais s'il est un peu moins difficile sur la fertilité du terrain, il l'épuise beaucoup plus, et ne peut revenir sur le même sol qu'après plusieurs années.

On peut diviser les variétés de pois en deux catégories principales : 1° les pois alimentaires ; 2° les pois fourragers, ramés ou nains. Les premiers comprennent un certain nombre de variétés, comme le *pois vert normand*, qui se consomme sec, et le *pois d'Auvergne*, ou *pois serpette*. Dans le jardin potager, on en cultive encore d'autres variétés sssez nombreuses.

Le pois fourrager est appelé *pois gris* ou *bisaille*. Si on veut le faucher en vert au moment de la floraison, il faut le *plâtrer* de bonne heure, ce qui le fait pousser plus rapidement et augmente la récolte. Mais il faut se garder de plâtrer les pois qu'on veut récolter mûrs, car ils sont d'une cuisson et d'une digestion beaucoup plus difficiles. Il en est de même des autres plantes de la même famille.

Les pois se sèment en lignes, en février ou mars ; ils ne craignent pas les gelées. Quelques jours après qu'ils sont levés, on leur donne un léger buttage. La paille des pois, passée à l'eau bouillante et salée, est mangée volontiers par les bestiaux. Sèche, elle constitue une assez bonne litière.

3° LA FÈVE

La *fève de marais* sert surtout à l'alimentation de l'homme; la *féverolle* ou *fève de cheval*, est une plante fourragère.

Les fèves aiment les terres assez compactes : elles se cultivent comme les haricots et les pois nains. La jeune plante est assez sensible aux gelées. On en a abandonné la culture à peu près complètement dans notre région ; c'est à peine si quelquefois on en trouve quelques lignes à travers un champ de pommes de terre.

4° LA LENTILLE

Les lentilles préfèrent les sols légers aux sols compactes. On les sème en automne ou au printemps, en lignes assez espacées. Leur culture, les soins d'entretien pendant la végétation, le rendement, sont à peu près les mêmes que pour les autres légumineuses. Il y aurait avantage à en développer la culture dans les régions granitiques et calcaires, où elles donneraient de très bons résultats.

Engrais des légumineuses. — Les engrais minéraux qui conviennent le mieux à toutes les légumineuses, et qui leur procurent la plus belle végétation sont les engrais potassiques et les engrais phosphatés. Elles aiment aussi les sols riches en chaux et en soufre. Il ne faut donc pas leur négliger les scories ou les phosphates naturels, et leur donner du sulfate de potasse au moment du labour.

Questionnaire. — Quelles sont les légumineuses cultivées pour l'alimentation de l'homme ? — Quelles sont les principales variétés de haricots ? — Comment les cultive-t-on ? — Comment se fait la récolte ? — Quelles sont les principales variétés du pois ? — Quel engrais faut-il éviter quand on destine les légumineuses à la nourriture de l'homme ? — Comment cultive-t-on les pois ? — Parlez de la fève de marais et de la lentille ? — Quels sont les meilleurs engrais qui conviennent aux légumineuses ?

Devoirs. — *1° Quels sont les travaux de culture à exécuter pendant les mois d'avril et mai.*

2° La germination d'un grain d'haricot Description d'un grain germé. Y faire voir les diverses parties de la jeune plante.

27ᵉ Leçon. — LÉGUMINEUSES FOURRAGÈRES
PRAIRIES ARTIFICIELLES

SOMMAIRE. -- But des prairies artificielles. -- Définition -- Division des plantes fourragères des prairies artificielles. — La luzerne. -- Préparation du sol. — Les semailles et la semence. — Entretien. -- Récolte.

But des prairies artificielles. — Puisque ce sont les bestiaux qui entretiennent le rendement de la ferme, le cultivateur doit s'attacher à en nourrir convenablement le plus grand nombre possible. Les prairies naturelles sont en général trop peu étendues pour donner des fourrages en quantité suffisante, et il faut y suppléer par les produits des *prairies artificielles,* qui viennent s'ajouter aux autres plantes fourragères dont il a été question dans les leçons précédentes.

Définition. — *On appelle prairie artificielle un champ sur lequel on cultive pendant un temps limité, une plante fourragère spéciale.*

Division des plantes fourragères des prairies artificielles. — Les principales plantes fourragères que l'on cultive en prairies artificielles peuvent être divisées en trois classes suivant la famille à laquelle elles appartiennent: 1° les légumineuses ; 2° les graminées ; 3° les plantes diverses.

Les légumineuses fourragères sont : la *luzerne,* les *trèfles,* le *sainfoin,* les *vesces,* la *minette,* etc.

Luzerne. — Préparation du sol — La luzerne est la plus importante de toutes les légumineuses fourragères, à cause de ses qualités nutritives et de son rendement. Mais on ne peut la cultiver partout à cause de sa longue *racine pivotante,* qui pénètre fort bas dans le sol, et même dans le sous-sol. Il faut lui réserver les *terrains d'alluvions,* et les terrains à sous-sol profond, perméable et meuble. Avant de semer, on donne plusieurs labours profonds, et des défoncements avec la *charrue-taupe* ; ensuite on passe le scarificateur pour nettoyer complètement les mauvaises herbes.

Les semailles et la semence. — La luzerne se sème à la volée, en automne dans le Midi, et au printemps dans le Centre et le Nord. Dans le Midi, on la recouvre immédiatement par un léger hersage ; dans notre département, on ne la sème qu'au printemps, et on la répand ordinairement sur une céréale. Si cette céréale est un froment ou un seigle d'automne, on la recouvre par un coup de herse ; si c'est une avoine de printemps, on sème l'avoine d'abord, que l'on enterre au moyen de la herse lourde ; puis on sème la luzerne, on passe avec une herse légère, un gros fagot d'épines, par exemple, et on roule enfin.

La graine de luzerne qu'on achète dans le commerce est souvent mêlée à d'autres graines de plantes nuisibles, surtout celles de *cuscute.* Ces dernières se reconnaissent aisément, parce que, jetées dans de l'eau, elles nagent à la sur-

face, tandis que les graines de luzerne et de trèfle plongent
au fond. La graine de cuscute se reconnaît encore parce qu'elle
est plus petite et un peu plus jaune que celle de la luzerne:
par des criblages répétés, on peut en diminuer la proportion.
Le meilleur moyen préventif est celui qui consiste à *exiger*
sur la facture du vendeur la *garantie écrite* que sa semence
de luzerne ou de trèfle ne renferme pas de cuscute, et à la
faire vérifier ensuite par un *expert assermenté* ou par une
station agronomique avant d'accepter livraison. Mais si, malgré toutes les précautions, la cuscute a envahi un champ,
on peut encore y porter remède, en fauchant la luzerne plusieurs fois de suite, avant que la mauvaise plante n'ait fleuri.
Elle ne résiste guère à ce traitement, surtout si, à l'automne,
on répand sur les places envahies, une couche de terre de 3
à 4 cent. d'épaisseur, qui ne nuit pas à la luzerne.

Entretien. — Une luzernière dure ordinairement de 6 à
12 ans. On peut faire une coupe dès l'année qui suit l'ense-
mencement, mais ce n'est qu'à partir de la troisième année
que le produit atteint son maximum, et que l'on peut faire
trois ou quatre coupes par an.

On entretient la fertilité par une fumure d'hiver au fumier
de ferme, accompagné d'engrais minéraux à doses diverses,
suivant la composition du sol. Au printemps, le *plâtrage*
produit un excellent effet, comme sur toutes les légumineuses fourragères. Si on peut *irriguer* le champ à l'automne et au printemps, il faut le faire ; on peut même y
amener de l'eau en été, pendant *quelques nuits,* après chaque
coupe ; le rendement est ainsi plus considérable.

La luzerne est souvent envahie par une espèce de champignon violet appelé *rhizoctone,* qui vit aux dépens de la
racine ; il est indiqué sur le sol par des places nues, circu-
laires, qui s'étendent peu à peu. Il n'y a pas de moyen
connu d'arrêter ses ravages, et il ne reste guère qu'à défricher la luzerne quand le rendement est devenu trop faible.

Récolte. — La luzerne se consomme en vert ou en sec,
comme tous les fourrages. En séchant, elle perd les $3/4$ de
son poids.

La fenaison de cette plante, comme celle du trèfle et de
tous les fourrages feuillus, est assez délicate, et demande
des précautions : il faut les dessécher vite, éviter de les
secouer en les retournant, pour ne pas faire tomber les

feuilles, ne mettre en tas que le soir, à la fraîcheur, parce que les tiges et les feuilles sont moins fragiles, et rentrer aussitôt sec.

On en fait aussi ce qu'on appelle du *foin brun*, d'après la méthode de *Klappmeyer* : pour cela, dit Joigneaux (1), on laisse le fourrage en andains pendant une journée au plus, et on le met, bien ressuyé, en meules de 3 mètres de hauteur qu'on tasse vigoureusement. La luzerne s'échauffe, fermente, et dès que la main n'y résiste plus, on ouvre le tas et l'on répand l'herbe pendant quelques heures au soleil. On la remet encore en meulons plus petits, et on la rentre peu de temps après.

On peut traiter de la même manière le trèfle et le sainfoin.

Quand on veut faire de la graine soi-même, il faut choisir une portion de champ vigoureuse et sans cuscute ; on laisse monter à graine, non la première coupe, mais la seconde, parce que les mauvaises herbes n'ont pas eu le temps de repousser aussi vite que la luzerne et de donner leurs fruits. On laisse bien mûrir avant de faucher.

Une luzerne doit être *rompue* aussitôt que le rendement a baissé, et ne doit pas revenir sur le même sol avant une vingtaine d'années.

Questionnaire. -- A quoi servent les prairies artificielles ? -- Comment peut-on classer les plantes fourragères qu'on y cultive ? -- Quel sol veut la luzerne ? — Comment la sème-t-on ? -- Comment faut-il choisir la semence ? -- Quels soins faut-il à une luzernière ? — Comment se récolte son fourrage ? -- Dites ce qu'il faut faire pour recueillir la semence soi-même.

Devoirs. — 1º *Description de la faucheuse mécanique.*
2º *Les travaux du mois de juin. Description.*

28ᵉ Leçon. — LÉGUMINEUSES FOURRAGÈRES
PRAIRIES ARTIFICIELLES (Suite et fin)

SOMMAIRE. -- Le trèfle. — Culture et rendement. -- La météorisation. -- Le trèfle incarnat -- Le sainfoin. -- Les vesces. -- Les graminées : Le Ray-grass. -- Autres plantes fourragères.

Le trèfle. — Culture et rendement. — Le *trèfle* est moins difficile que la luzerne sur le sol ; cependant, il aime les terrains de fertilité moyenne assez riches en calcaires. On ne le sème qu'au printemps, soit sur une céréale

_____

(1) Agronome contemporain, auteur de plusieurs ouvrages estimés, rédacteur des questions agricoles dans la *Gazette du Village*.

d'automne, soit sur une céréale de printemps. Il faut de 15 à 20 kilog. de semence à l'hectare. Un champ de trèfle ne dure pas plus de deux ans, et exige les mêmes engrais et les mêmes soins d'entretien qu'une luzernière. Il ne faut pas négliger de plâtrer au printemps, et dans les terrains non calcaires, d'ajouter au fumier des phosphates de chaux et des cendres.

Le trèfle se récolte comme la luzerne ; on en fait aussi du foin brun, plus estimé même que celui qu'on obtient avec cette plante.

La météorisation. — Si l'on donne la *luzerne ou le trèfle verts* aux bestiaux à jeun, le matin, on risque de les voir se *météoriser*, c'est-à-dire se gonfler sous l'action de l'acide carbonique qu'une espèce de fermentation produit dans leur estomac. La météorisation entraîne la mort au bout de quelques heures, si l'on n'y remédie pas rapidement. Il faut se hâter, aussitôt qu'on s'en aperçoit, de faire avaler aux animaux atteints, au moyen d'une sonde de cuir, ou autrement, de l'*eau de savon* ou de l'*eau de chaux*, ou de l'*ammoniaque* liquide *(alcali)* un peu allongée d'eau. Mais si ces remèdes sont insuffisants, il devient nécessaire de faire la *ponction* de l'estomac au moyen du *trocard*, espèce de lame à trois tranchants, munie d'une *gaine* ou *fourreau métallique* qui reste dans la plaie, et permet aux gaz de s'échapper. La plaie doit être ouverte au *flanc gauche*, à l'endroit où l'estomac est le plus apparent, pour les ruminants, et au *flanc droit* pour le cheval.

Le trèfle est un des meilleurs fourrages ; il perd, par la dessication, des $2/3$ aux $3/4$ de son poids. On en cultive quelques variétés comme le *trèfle blanc* et le *trèfle hybride*, qui sont moins productives que le commun, mais qui forment d'excellents pâturages pour les moutons.

Trèfle incarnat, dit Farouch. — Cette plante se sème à la suite d'un léger labour, du commencement d'août au milieu de septembre, dans les terres n'ayant pas à craindre d'être inondées pendant l'hiver. Il faut employer de 20 à 25 kilog. de semence à l'hectare et choisir pour les semailles un moment qui précède une pluie légère. Il est plus précoce que le trèfle ordinaire et la luzerne, mais doit être consommé en vert, parce qu'il fait un fourrage sec de médiocre qualité. On ne le cultive guère avec succès que dans le Midi.

Sainfoin. — Le sainfoin ne réussit bien que dans les terres légères, assez sèches *et calcaires*. Il aime un sol bien ameubli : on lui donne ordinairement deux labours, un à l'automne, l'autre au printemps, avant de semer. On l'associe presque toujours à une céréale fourragère, et on emploie de 4 à 6 hectolitres de semence à l'hectare.

Il ne donne guère qu'une coupe par an ; on le fauche au moment où il est en fleur. La récolte, les engrais, les soins d'entretien quand il doit durer plusieurs années, sont les mêmes que pour la luzerne et le trèfle.

Vesces. — On cultive les *vesces d'hiver* et les *vesces de printemps*. Les premières se sèment en septembre, à raison de 2 hectol. à l'hectare, auxquels on mêle 50 ou 60 litres d'avoine, et on recouvre à la herse. Les secondes sont semées à partir de la fin des gelées, jusqu'au mois de juillet, à intervalles de 15 jours, pour qu'on puisse les faucher en vert à mesure de la floraison, pendant tout l'été. Si, au contraire, on doit les consommer en sec, on ne les fauche qu'après la fructification, et elles constituent un excellent fourrage pour l'engraissement des bestiaux.

Les vesces aiment un sol fertile et pourvu de calcaire. Comme pour les autres légumineuses, le plâtre active la végétation.

La *Jarosse* ou petite *gesce* est une plante voisine de la vesce, elle se cultive de la même manière.

Ray-grass anglais

Les graminées. — Les graminées qui servent à faire des prairies artificielles, sont peu nombreuses ; ce sont : *l'avoine*, le *seigle*, le *maïs*. dont la culture a déjà été indiquée, puis le *ray-grass* ou *ivraie*, *l'agrostis*, et quelques autres. La seule importante est le *ray-grass*.

Ray-grass. — On en cultive deux variétés : le *ray-grass anglais* (Fig. ci-contre), et le *ray-grass d'Italie*. Le premier vient bien partout, même dans les terres humides ; le second veut moins d'eau et une terre fertile. On les sème tous deux comme le trèfle, et à raison de 45 à 55 kilog. par hectare. Ils forment un très bon fourrage vert et sec, abondant, surtout quant on peut irriguer après les coupes avec des eaux chargées de purin. On doit les faucher au moment de la floraison, car si on attendait que le fruit soit formé, les plantes remonteraient difficilement, comme presque toutes les graminées. On les associe ordinairement au trèfle commun. Une prairie de ce genre peut durer de 3 à 6 ans, et donner de 4 à 6 coupes par an.

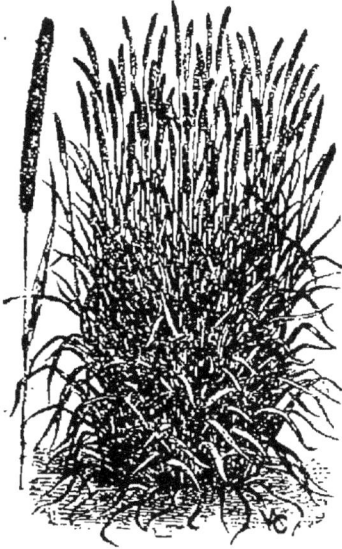

Fléole des prés

Autres plantes fourragères. — On cultive aussi quelquefois, comme plantes fourragères, un certain nombre de plantes de diverses familles : les *lupins blanc* et *jaune*, que l'on trouve dans le Midi; la *pimprenelle*, qui fait de forts bons pâturages, la *chicorée*, qui vient dans les terres argileuses, la *serradelle*, qui aime les sols granitiques ; les choux, surtout le *chou-branchu*, du Poitou; la *navette*, très précoce ; la *fléole des prés* (FIG. ci-contre), très avantageuse ; le *millet* et le *moha de Hongrie ;* le *lotier*, etc., etc.

Questionnaire. -- Comment se sème et se cultive le trèfle? -- Quels accidents peut provoquer le trèfle mangé en vert et à jeun? -- Comment guérit-on la météorisation? -- Comment se cultive le trèfle farouch? -- Et le sainfoin? -- Dites ce que vous savez de la vesce. -- Quelles sont les graminées que l'on cultive dans les prairies artificielles? -- Indiquez rapidement comment on cultive le ray-grass. -- Énumérez les autres plantes fourragères.

Devoirs. — *1° La fenaison. Description.*

2° Rechercher pourquoi les fourrages trop mûrs ont perdu de leurs qualités nutritives.

29ᵉ Leçon. — PRAIRIES NATURELLES

SOMMAIRE. — Utilité des prairies naturelles. — Création et renouvellement des prairies. — Choix des semences, et meilleures espèces de plantes. — Semailles. — Soins d'entretien. — Irrigation. — Fumure. — Récolte et rendement.

Utilité des prairies naturelles. — Les *prairies naturelles* ou *permanentes*, ont été, pendant des siècles, les seules qui produisent la nourriture des bestiaux; aujourd'hui encore, elles rendent les plus grands services sous ce rapport, et il faut bien se garder de les détruire, parce que les fourrages qu'elles produisent sont en général les plus goûtés des bestiaux, à cause de leur arôme et de la variété des plantes qui les composent; parce que ce sont les moins dispendieuses pour la main-d'œuvre et l'entretien, et parce que ce sont elles qui ruinent le moins la terre.

Pour que leur rapport soit abondant, elles demandent à être *irriguées, fumées*, et même *rompues* et *renouvelées* au besoin; il est bon aussi d'en *créer* dans les terrains amendés soit par le drainage soit par le défrichement.

Création et renouvellement des prairies. — Soit qu'on veuille mettre en prairie un sol préparé par un drainage ou un défrichement, soit qu'on veuille renouveler un pré pour l'améliorer, les travaux à exécuter sont à peu près les mêmes.

On commence par donner plusieurs labours et, si le sous-sol est compacte, des défoncements à la charrue-taupe, qui ameublissent la terre. Ensuite on y cultive une céréale, l'avoine, par exemple, qu'on fait suivre de deux cultures au moins de plantes sarclées, afin qu'il ne reste aucune herbe mauvaise.

En automne, on donne un dernier labour préparatoire, et on procède aux semailles.

Choix des semences et meilleures espèces de plantes. — Le choix de bonnes semences est très important, parce qu'il influe, pendant toute la durée de la prairie, sur le rendement et la qualité des fourrages. Si on les récolte soi-même, il faut les prendre sur les plantes qui donnent le meilleur fourrage et le plus abondant, les vanner avec soin, et les épurer autant que possible, plutôt que de les prendre au hasard sur le fenil, ce qui ne peut jamais donner que des résultats médiocres.

On peut aussi acheter de bonnes semences non mêlées, dont l'espèce et la faculté germinative soient *garanties sur facture*. On emploie alors de 60 à 70 kilog. de semence à l'hectare, tandis qu'il faut presque aller au double, quand on les récolte soi-même.

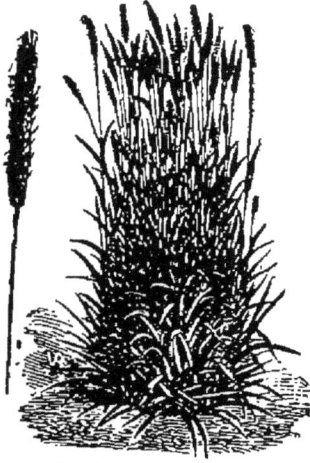

Les plantes les meilleures pour faire des prairies naturelles sont : la *flouve odorante*, le *vulpin des prés* (FIG. ci-contre), le *dactyle pelotonné* (FIG. ci-après), la *fétuque durette*, le *ray-grass anglais*, le *pâturin*, le *trèfle des prés*, le *trèfle rampant*, le *trèfle hybride*, la *lupuline*, qui viennent bien à peu près partout; puis le *fromental*, qui aime les sols argileux, la *houque laineuse*, et la *fétuque des prés* (FIG. page 124), qui viennent mal dans les sols calcaires; enfin l'*ivraie vivace*, l'*ivraie d'Italie*, l'*avoine jaunâtre*, surtout le *sainfoin*, qui, au contraire, les préfèrent aux autres, etc., etc.

Vulpin des prés

Semailles. — La terre étant définitivement préparée, on répand les semences mêlées à la volée, on recouvre à la herse, et on passe au rouleau. Au printemps suivant, on passe de nouveau le rouleau, pour bien asseoir les racines.

Quelquefois, on sème au printemps; alors on mêle à la semence une céréale fourragère; mais les semailles d'automne valent toujours mieux, surtout dans les terrains secs.

La première année doit être laissée sans récolte, parce que les racines sont encore trop faibles, et la terre trop peu gazonnée. Mathieu de Dombasle estime qu'on peut seulement y faire pâturer les moutons à l'automne, parce que leur passage tasse le sol.

Dactyle pelotonné

Soins d'entretien : irrigation.

— Une prairie ne donne d'abondants produits que si elle est *bien irriguée* en temps convenable, et bien *fumée*.

L'irrigation est l'arrosage en grand, au moyen de canaux disposés d'après un plan déterminé.

Pour bien irriguer, il faut tenir compte des observations suivantes :

1° Il faut savoir d'abord que les eaux ne sont pas toutes également bonnes : les meilleures sont celles de sources ou de rivière ; mais celles qui viennent des forêts ou des tourbières sont *acides*, et ne conviennent pas, à moins que leur acidité n'ait été détruite par leur passage sur un *lit de chaux* ;

2° Il faut ensuite disposer l'arrivée des eaux à la partie la plus élevée de la prairie. Si l'on possède un débit continuel et abondant, il suffit qu'il soit ménagé de manière qu'une vanne latérale permette d'amener les eaux sur le pré à volonté. Si, au contraire, on ne dispose que d'une source faible, ou intermittente, il faut creuser un réservoir assez vaste, qui emmagasine les eaux pour les distribuer à mesure des besoins.

Fétuque des prés

3° Il faut encore *tracer un plan du terrain* et en faire le nivellement, afin de déterminer l'emplacement et la pente des rigoles, de façon que toute la prairie puisse être arrosée également. Si la pente est moyenne, rien de plus commode ; mais si l'on est en plaine, il devient parfois impossible d'irriguer convenablement sans avoir recours aux *ados* : pour cela, on divise le terrain en longues plates-bandes, disposées dans le sens de la plus grande pente ; ces plates-bandes sont inclinées deux à deux de manière à former comme une série de toitures à inclinaison faible. Au faîte de chaque ados, est creusée une rigole qui prend l'eau dans le canal d'arrivée, et l'amène sur les deux pentes à la fois ; cette eau s'écoule ensuite par d'autres rigoles qui la conduisent dans un canal collecteur situé à la base de chaque série d'ados. pour aller arroser d'autres parties du pré de la même manière.

Ce système ne permet pas l'usage des machines pour la récolte des fourrages, à moins que les ados ne soient très longs et très larges, et que leur pente soit très faible. Souvent, on se contente de diriger l'eau au moyen de canaux parallèles, qui permettent d'inonder la prairie complètement. Quel que soit le système adopté, les rigoles d'irrigation doivent être *curées* tous les ans ;

4° Enfin, l'irrigation doit se pratiquer surtout à l'automne avant les fortes gelées, et au printemps, après le départ de la neige. En été, après la première coupe, il faut aussi arroser, pendant quelque temps, mais alors, on ne doit le faire que la nuit, et détourner l'eau avant le lever du soleil, parce que l'évaporation pendant le jour est trop active, et provoque un froid vif nuisible à la végétation. En toute saison, une inondation prolongée, et un courant rapide qui couche les herbes, sont toujours mauvais.

Fumure. — La fertilité des prairies s'épuise rapidement, si on ne les *fume pas* : car *l'irrigation ne remplace pas la fumure* : elle amène seulement l'humidité nécessaire à la végétation.

Dans la plupart des fermes, on se contente, pour fumer les prés, d'y conduire le fumier ordinairement à l'automne, de le réduire en petites mottes, et de le répandre sur le gazon. Le fumier ainsi répandu se dessèche rapidement, et ne profite guère ; il faudrait au moins irriguer assez pour humecter légèrement le sol, sans que l'eau soit assez abondante pour entraîner l'engrais dissous.

Le meilleur procédé consiste à délayer des engrais liquides ou des engrais humains avec l'eau d'irrigation, qui disperse la fumure également sur toute la surface, et l'entraîne immédiatement dans le sol. Les fumiers peuvent être traités de la même manière. Les engrais les plus actifs sont employés au printemps, et les autres à l'automne. Les engrais minéraux solubles doivent être répandus en couverture, au moment où la végétation a déjà commencé, et ceux qui sont insolubles sont répandus à l'automne, afin que pendant l'hiver, ils puissent entrer dans le sol. Ce sont les engrais phosphatés qui produisent le plus d'effet.

Lorsqu'une prairie est envahie par les *mousses*, c'est

qu'elle s'appauvrit, et qu'il faut la fumer énergiquement. On doit alors la herser avec une herse à dents de fer serrées qui arrache les mousses, ouvre un peu le gazon, et coupe les grosses racines, ce qui leur fait pousser des rejets.

Si ces moyens sont insuffisants, il faut rompre la prairie et la renouveler.

Récolte et rendement. — Quand la plus grande partie des plantes est en fleurs, le moment de la récolte est venu. Cette opération se fait à la *faux*, ou plus rapidement à la *faucheuse* (FIG. ci-dessous), par un temps chaud et sec.

Faucheuse mécanique

A mesure que l'herbe est coupée, on la *fane*, pour la dessécher. Ce travail se fait en ouvrant les *andains* et en les retournant plusieurs fois par jour, au *râteau* ou à la *fourche*, ou à la *faneuse mécanique*. Le soir, pour diminuer l'effet de la rosée, on rassemble le foin en petit tas, soit au râteau à la main, soit au *râteau à cheval* (FIG. page 124). Aussitôt sec, le fourrage est entassé en *meules* ou sur le *fenil*. Les meules doivent être toujours abritées. Il faut que l'herbe soit bien desséchée au moment où on l'entasse ; on la foule ensuite pour qu'elle fermente et s'échauffe moins.

Les pluies qui mouillent l'herbe à moitié desséchée lui font le plus grand tort ; et si l'action de l'eau se fait longtemps sentir, le foin brunit, puis jaunit, perd toutes ses qualités, et ne peut plus guère servir que de litière.

Le *sel* conserve tout ce qu'il imprègne ; il est donc très

bon d'en répandre sur le tas, à mesure qu'on le rentre, à raison de 2 kilog. à 2 kilog. ¹/₂ au plus par 1,000 kilog. de foin.

Les *regains* ou fourrages des coupes suivantes se traitent à peu près exactement comme le foin.

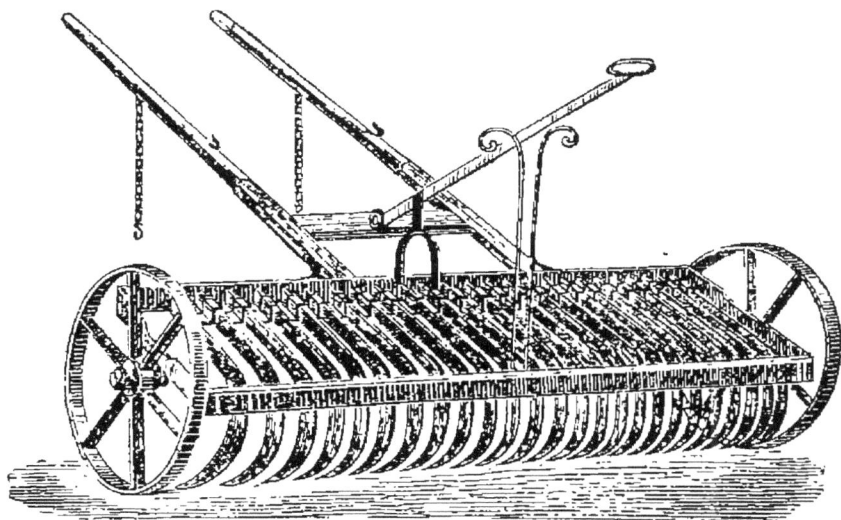

Râteau à cheval

Il existe encore d'autres moyens de conserver les fourrages : on peut en faire du *foin brun*, comme avec la luzerne et le trèfle. On peut aussi en mettre une partie *en silo à l'état vert*, comme on le fait en Touraine et dans le centre de la France.

Pour cela, l'herbe *fauchée à la rosée* ou *pendant la pluie*, est amenée *immédiatement* dans une enceinte murée de toutes parts et sèche ; on la met par couches peu épaisses et bien régulières, qu'on saupoudre de sel, à raison de 250 à 300 kilog. pour la récolte ordinaire d'un hectare, et qu'on tasse énergiquement ; on comprime ensuite fortement toute la masse au moyen d'un système de chaînes et de poutres, de manière que la pression soit au moins de 400 kilog. par mètre carré. Pendant plusieurs semaines après l'entassement, il faut augmenter tous les jours la tension des chaînes. L'herbe ainsi traitée se conserve verte, fermente d'autant moins qu'elle est mieux comprimée, et forme un aliment que les bestiaux mangent avec avidité. On la tire de la fosse par une porte ménagée à l'un des angles du fond.

Cette méthode rend de grands services en tout temps, mais surtout *quand la saison de la récolte est pluvieuse*. On commence à la pratiquer dans nos régions avec grand succès.

Un autre procédé, à peu près analogue, est mis à l'essai actuellement ; il dispense de construire un silo. Le foin vert est mis en meules à l'abri, salé et comprimé comme dans la fosse. Il y a un peu de perte, car une certaine épaisseur se corrompt tout autour. D'ailleurs, l'expérience n'a pas dit son dernier mot de ce côté.

Questionnaire. -- Pourquoi les prairies naturelles sont-elles nécessaires ? -- Que fait-on pour créer ou renouveler une prairie ? -- Peut-on prendre les semences au hasard ? -- Donnez les noms de quelques-unes des meilleures plantes des prairies naturelles ? -- Quand et comment faut-il semer ? -- Que faut-il observer pour bien irriguer ? -- Parlez des ados. -- Quand faut-il irriguer ? -- Quel est le meilleur moyen de bien fumer une prairie ? -- Que faut-il faire contre la mousse ? -- Comment se récolte le foin ? -- Comment conserve-t-on du foin vert ?

Devoirs. — *1° Description de la faneuse et du râteau à cheval. 2° Les travaux du mois de juillet et du mois d'août.*

30° Leçon. — PLANTES INDUSTRIELLES

SOMMAIRE. — Classement des plantes industrielles. -- § 1er PLANTES TEXTILES : le lin : culture et rendement. -- Le chanvre : culture et rendement. -- § 2. PLANTES OLÉAGINEUSES : l'œillette : culture et rendement. -- Le colza : culture et rendement. -- La navette : culture et rendement.

Classement des plantes industrielles. — Les plantes cultivées dans notre département en vue de leur transformation par l'industrie sont : 1° les *plantes textiles*, qui servent à la fabrication des *tissus*, comme le *lin* et le *chanvre* ; 2° les *plantes oléagineuses*, dont la graine donne de l'*huile*, comme l'*œillette*, le *colza*, la *navette ;* enfin, 3° les plantes utilisées par diverses industries, comme le *houblon* et le *tabac*.

1° LES PLANTES TEXTILES

Le lin. — Culture et rendement. — Le lin croît bien dans les climats humides et brumeux. Il aime une terre profonde, meuble, et bien nettoyée par une culture sarclée.

On donne un labour à l'automne et un autre au printemps ; on herse à plusieurs reprises, on sème à la volée en mars ou avril, à raison de 2 à 3 hectolitres de graine à l'hectare ; on recouvre par un léger coup de herse, et on roule fortement. Si l'on sème épais, le lin est sujet à verser, mais la filasse est fine ; si l'on sème clair, le lin est plus fort, mais la filasse est plus grossière.

Le lin est sarclé quand il a quelques centimètres.

Lorsque la verse est à craindre, on lui donne des *rames*, c'est-à-dire qu'on enfonce dans le sol, à distances rapprochées, et en lignes parallèles, de courtes branches d'arbres, qui le garantissent contre les coups de vent.

Le lin aime les engrais potassiques : les cendres lui conviennent donc à merveille.

Lorsqu'il est mûr, on l'arrache, et on le met en javelles qu'on laisse sécher sur le sol ; ensuite on le rassemble en bottes pour recueillir la graine, soit par le battage, soit par une sorte de peignage. Enfin, on le met *rouir*, soit sur un pré à herbe courte, soit *dans un bassin spécial* (1). Pendant l'hiver, on le *broie* ; on *teille* la filasse et on la *peigne*, toutes choses qui s'apprennent par la pratique, et se font en grand avec des machines spéciales.

La graine de lin est *oléagineuse*, et donne une huile *siccative*, employée surtout dans la *peinture*. Cette graine sert aussi en médecine, à titre d'*émollient*. Cuite, elle est utilisée en certains cas, pour la nourriture des bestiaux.

Le chanvre. — Culture et rendement. — Le chanvre exige un terrain parfaitement fertile. Il aime particulièrement les sols profonds, humides, riches en humus. Les composts, les guanos, les poudrettes, en un mot, les engrais de toutes sortes lui sont excellents, parce qu'il ne craint pas la verse, à moins qu'il ne soit trop serré.

On le sème en mai, à raison de 2 à 5 hectolitres de chènevis par hectare. Avec 2 à 3 hectolitres, on aura de grosse filasse et beaucoup de graine ; plus serré, il donnera une filasse plus fine.

Quand les tiges *mâles*, qu'on appelle ordinairement femelles dans nos régions, ont fleuri et commencent à jaunir, on les arrache seules. Les tiges *femelles* mûrissent jusqu'en

---

(1) *La loi interdit* de mettre rouir le lin et le chanvre dans les rivières, et les étangs qui se déversent dans les cours d'eau, parce que *ce rouissage empoisonne les eaux.*

septembre ; on ne les arrache à leur tour que quand la graine est mûre. On lie les pieds arrachés en bottes que l'on met en faisceaux pour les faire sécher ; on recueille la graine par un battage spécial, et on met *rouir* les tiges ainsi dépouillées. Quand il s'agit du *mâle*, on le met immédiatement en rouissage. Le chanvre est ensuite broyé à peu près comme le lin, et passé sous la meule pour l'assouplir ; enfin la filasse est teillée et peignée.

L'huile de chènevis est assez estimée, mais les tourteaux ne peuvent servir que comme engrais.

2° LES PLANTES OLÉAGINEUSES

L'œillette. — Culture et rendement. — *L'Œillette* ou pavot est peu cultivée dans les Vosges. On en possède deux variétés : l'*œillette noire*, qui s'ouvre à la maturité, et le *pavot aveugle*, qui ne s'ouvre pas. La première est préférable. On la sème à partir du mois de mars, jusqu'en mai. Les semailles se font à la volée, avec 2 ou 3 kilog. de graine à l'hectare ; on recouvre la semence par un coup de herse légère, et on roule fortement.

Le pavot aime un terrain bien fumé et bien meuble, assez riche en calcaire. Quand la jeune plante a quelques feuilles, on la sarcle et on l'éclaircit. On récolte les têtes ou *capsules* en les coupant et les jetant à mesure dans des sacs d'étoffe serrée ; on les porte ainsi au grenier, où elles achèvent de se dessécher.

L'œillette donne une huile très bonne *à manger*. Les résidus de la fabrication, comme ceux des autres graines oléagineuses, font des tourteaux estimés ; les tiges sèches sont employées comme litière, ou comme combustible ; en brûlant, elles donnent des cendres riches en potasse.

Colza. — Culture et rendement. — Le *colza* ou *chou colza* veut une terre très meuble et très fertile, fumée aux fumures actives et aux engrais phosphatés et azotés ; on le sème ordinairement en juillet et août, à raison de 5 à 6 kilog. par hectare, en pépinière, pour le repiquer, soit au *plantoir*, soit à la *charrue*, en octobre, par un temps humide. On peut aussi le semer sur place en lignes, au *semoir*, ce qui économise la main-d'œuvre, et favorise les sarclages et les binages.

La récolte se fait quand les *siliques* commencent à jaunir, vers le mois de juin ; pour ne pas perdre les graines des siliques trop sèches, il est bon de ne couper les pieds que le matin ou le soir, à la rosée. Quand tout est bien sec, on bat les tiges au fléau, sur de grandes toiles, pour recueillir la graine. On en retire environ 20 hectolitres à l'hectare, pesant chacun 70 kilog. en moyenne. 100 kilog. de graine donnent environ de 35 à 40 kilog. d'une huile qui ne sert que pour l'éclairage.

Navette. — Culture et rendement. — La *navette* est plus avantageuse que le colza dans les terres médiocres de la région montagneuse et elle pousse plus rapidement. Elle se plaît surtout dans les terres légères. On en cultive deux variétés : celle d'hiver, que l'on sème au mois d'août ou de septembre, et celle de printemps, qui remplace la semaille d'hiver, si les froids ont été trop grands.

La fumure est la même que pour le colza.

La récolte, identique à la précédente, produit de 20 à 30 hectol. de graine à l'hectare. On en tire un peu moins d'huile que du colza, mais cette huile est plus fine.

Questionnaire. — Comment classe-t-on les plantes industrielles ? — Comment cultive-t-on le chanvre ? — Comment cultive-t-on l'œillette ? — Et le colza ? — Et la navette ? — Tire-t-on de l'huile de toutes ces plantes ? — Dites-en les autres usages ?

Devoir. — 1° *Les mémoires d'un chiffon de toile, racontés par lui même.*

2° *Les usages des diverses espèces d'huiles.*

31ᵉ Leçon. — PLANTES INDUSTRIELLES (Suite et fin)

SOMMAIRE. — § 1ᵉʳ. Le houblon. — Préparation du terrain et culture. — Soins d'entretien. — Récolte. — § 2 Le tabac et l'administration. — Préparation du terrain. — Semis, plantation et culture. — Récolte et rendement.

1° LE HOUBLON

Préparation du terrain et culture. — Le houblon est une plante dont la fleur appelée *cône*, entre dans la fabrication de la *bière*, pour contribuer à sa conservation, et pour lui donner sa saveur particulière. On le cultive dans les arrondissements de Neufchâteau, de Mirecourt et d'E-

pinal. Il aime une terre plutôt légère que forte, bien défon-
cée, riche en calcaire, et abritée contre les vents du nord
et de l'ouest, qui brisent les premières pousses. Une houblonnière bien soignée dure plusieurs années. Pour en
créer une, on fume pendant les labours d'automne, puis
on prend au mois d'avril de jeunes plants racineux dans
une houblonnière déjà formée, et vigoureuse, on les plante
dans des trous creusés en quinconce, à deux mètres l'un de
l'autre. Ces trous ont de 16 à 20 cent. de profondeur, et
renferment chacun trois ou quatre plants, dont la pointe
seule dépasse le sol.

Soins d'entretien. — Aussitôt que la végétation commence, on place près de chaque touffe un tuteur formé
d'une perche de 3 à 4 mètres de hauteur.

Si, la première année, il y a des cônes, on les cueille sans
toucher aux perches, qu'on n'enlèvera qu'au mois de novembre, après avoir coupé les tiges du houblon un peu au-
dessous du sol. Chaque touffe est ensuite recouverte d'un
gazon, qui la protège contre le froid. Au mois d'avril, ce
gazon est enlevé, les tiges qui ont poussé sont coupées au
niveau du sol et de nouveaux tuteurs, d'une hauteur de 7
à 9 mètres, sont mis à la place des anciens. On procède de
la même manière chaque année, en ayant soin, après la
taille, de fumer autour des plants au fumier de ferme et au
purin. Quand les pousses ont environ un mètre, on supprime les plus faibles, et on n'en laisse que quatre ou cinq
au plus à chaque tuteur. Enfin, il faut butter fortement
après avoir ajouté encore du fumier autour de chaque
touffe, et arroser souvent avec des engrais liquides, surtout au moment d'une pluie légère.

Récolte. — La récolte des cônes se fait quand la pointe
commence à brunir, c'est-à-dire dans le courant d'août et
de septembre.

Pour ne pas perdre le produit de la terre pendant la première année, on cultive ordinairement dans la houblonnière des plantes sarclées, comme des haricots, des betteraves, des pommes de terre, des navets, des carottes, etc.
On peut même y cultiver en lignes très claires, pendant sa
durée, des choux, des betteraves, des navets, etc.

2° LE TABAC

Le tabac et l'administration. — Cette plante, très voisine de la pomme de terre, est, comme elle, originaire de l'Amérique. Ses feuilles et ses tiges contiennent une essence appelée *nicotine*, qui est un poison violent, puisque deux ou trois gouttes suffisent pour foudroyer un chien.

L'État s'est réservé le *monopole* de la fabrication et de la vente du tabac, qui est une source de revenus abondants pour le trésor public. Il en surveille aussi la culture, qui est placée sous le contrôle de la *régie*, et qui est autorisée en France dans 20 départements, dont celui des Vosges fait partie depuis que la France a perdu l'Alsace-Lorraine.

C'est aussi l'administration des contributions indirectes qui donne la graine, *sur leur demande*, aux cultivateurs des communes autorisées.

Préparation du terrain. — Le tabac veut une terre peu compacte, peu humide, à moins qu'on ne tienne pas à la qualité, mais profonde, meuble et bien fumée aux engrais azotés et phosphatés, au fumier de mouton, et même aux engrais humains désinfectés.

Semis, plantation et culture. — On sème ordinairement en mars, sur couche, à raison de 1 centimètre cube de graine par mètre carré. 25 à 30 mètres carrés de semis donnent assez de pieds pour repiquer un hectare.

Le semis fait, on tasse avec une planche ou une pelle, et on recouvre de sable fin ou de terre fine, pour que les pluies qui pourraient survenir n'entraînent pas la graine.

Quand les jeunes plants ont atteint environ 10 cent. de hauteur, on les repique. L'administration se charge encore du soin de fixer le nombre de pieds que l'on doit mettre à l'hectare. C'est sur ce nombre que l'on se base pour déterminer la distance à réserver entre eux. Cela fait, on tend un cordeau le long du champ, et on repique au plantoir, par un temps humide, en ayant soin de ne pas recourber la pointe de la racine. Sitôt que les feuilles se relèvent, on donne un premier binage, puis on butte légèrement, après avoir répandu, près de chaque pied, un peu de nitrate de soude, à raison de 200 kil. pour un hectare, ce qui produit le meilleur effet sur la végétation.

Lorsque les fleurs vont se montrer, la plante porte de 8

à 12 feuilles et atteint une longueur de 0ᵐ50 à 0ᵐ70. On pratique alors l'*écimage*, c'est-à-dire qu'on supprime le sommet floral, pour forcer la sève à se porter dans les feuilles. Mais cette opération provoque à la base de chacune d'elles, la naissance d'un bourgeon, qui pousse à son tour, et donne des tiges que l'on pince quand elles ont atteint quelques centimètres. On répète cet ébourgeonnement chaque fois que la naissance de nouveaux bourgeons le nécessite. On enlève en même temps les feuilles sans valeur, qui ne grossissent pas.

Récolte et rendement. — La récolte se fait en août et septembre, quand les feuilles commencent à jaunir et à s'infléchir vers la terre. Pour cela, on coupe d'abord les plus rapprochées du sol, qui sont les plus grosses, mais les moins bonnes, puis les autres, à mesure qu'elles mûrissent. On les porte ensuite au *séchoir*, où on les suspend à des cordes ou à des lattes. L'administration ordonne que les tiges nues et les débris soient brûlés immédiatement. Elle a pris aussi la précaution, pendant la végétation, de venir compter sur place les plants et les feuilles.

Quand la récolte est sèche, on rassemble les feuilles par catégories de grosseur et de couleur, et on en fait des paquets de cinquante, appelés *manoques*, la dernière feuille servant à lier les autres. On réunit cent manoques de la même qualité, qui forment une *balle*, et on livre ces balles à la régie.

Le tabac rapporte en moyenne, en France, de 1000 à 1300 kilog. de feuilles sèches à l'hectare. On en cultive deux variétés : le *tabac commun*, dont le rendement est assez fort, et le *tabac de Virginie*, plus petit, mais de meilleure qualité.

Questionnaire. — A quoi sert le houblon ? — Comment se cultive-t-il ? — Quels soins d'entretien réclame la plantation ? — Comment se récolte-t-il ? — Peut-on cultiver le tabac partout ? — Quel terrain et quel engrais demande-t-il ? — Comment le sème-t-on ? — Comment et quand le repique-t-on ? — Parlez de l'écimage et de ses résultats ? — Quand et comment se fait la récolte ? — Quels soins demandent les feuilles avant d'être livrées à l'administration ?

Devoirs. — 1° Problème : *Quel bénéfice l'Etat fait-il en dix ans sur un fumeur qui consomme par jour pour 0 fr. 20 de tabac à fumer, sachant que le kilo de tabac, qui est vendu 12 fr., revient au Gouvernement à 1 fr. 50 environ.*

2° *Comment on devient fumeur.*

32ᵉ Leçon. — **LA VIGNE**

SOMMAIRE. — La vigne. — Terrain. — Variétés. — Reproduction et culture. Soins d'entretien.

La vigne. — La culture de la vigne a été pendant long-temps assez prospère dans notre département. Mais depuis que le climat se refroidit et que les gelées tardives viennent presque tous les ans détruire les jeunes bourgeons, le dé-couragement arrive peu à peu. Peut-être y a-t-il quelques efforts à tenter encore, avant d'abandonner cette culture : c'est, d'ailleurs, de l'avis des meilleurs agronomes, la plus *précaire* de toutes, surtout depuis l'invasion d'un grand nombre de maladies et d'insectes, mais non pas la moins productive comme rapport moyen.

Terrain. — La vigne s'accommode aisément de la plu-part des sols, pourvu qu'ils soient perméables et assez secs. Mais il lui faut une température chaude, qui fasse mûrir le raisin le plus rapidement possible ; aussi la place-t-on plus volontiers sur les coteaux exposés au sud ou au sud-est ; les vins des coteaux sont d'ailleurs plus *fins* et plus *riches* que les vins de plaine.

Variétés. — Quand on veut créer ou remplacer une vigne, le sol doit être parfaitement défoncé, et le choix du *cépage* fait avec grand soin, et approprié au climat. Telle variété en effet, mûrit tard et ne convient pas à nos ré-gions ; telle autre pousse trop tôt et a trop à craindre des gelées tardives. Il faut, dans le Nord-Est, un cépage qui se mette tard en sève, et qui mûrisse vite. Ceux qui vien-nent du Midi, du Bordelais, de la Côte-d'Or, de la Champa-gne ne peuvent donc convenir, malgré leur supériorité au point de vue de la qualité du vin produit.

Les variétés que nous possédons sont bien acclimatées, mais peut-être y aurait-il moyen, par un choix convenable d'engrais minéraux, de les améliorer. Les principales sont: l'*Enfariné*, qu'on trouve dans le Nord-Est, et qui donne un vin assez *plat ;* le *Varenne* noir, plus particulier aux dépar-tements de la Meuse, de Meurthe-et-Moselle et de la Lor-raine annexée, tous deux à *grain noir et rond ;* le *Liverdun,* ou *Ericé noir*, très répandu, mais médiocre, *à grain noir et allongé.* Les Gamay mûrissent bien et donnent de bons résultats. Les autres variétés très nombreuses ne sont pas acclimatées en grande culture dans notre département.

Reproduction et culture. — Quel que soit le cépage choisi, le mode de plantation et de culture est le même.

On propage la vigne par *boutures*, par *plants enracinés*, appelés *barbats*; et par *marcottes*.

Les boutures sont de deux sortes: le *chapon* et la *crossette*. Le chapon est un *sarment* de l'année, coupé près du vieux bois et portant plusieurs yeux, la *crossette* est un chapon avec lequel on a pris sur le *cep* un peu de vieux bois.

Les *barbats* sont des boutures que l'on a mises en pépinières pendant un ou deux ans, et qui sont pourvues de racines. Une plantation de barbats réussit mieux qu'une plantation de crossettes.

Enfin, la *marcotte* s'obtient en recourbant un long sarment que l'on enterre profondément par le milieu, que l'on fixe sous terre par un crochet, et dont on ne laisse sortir vers la pointe que deux yeux, en taillant le surplus. Il prend des racines et on devrait le *sevrer*, c'est-à-dire le détacher du vieux cep, soit l'année suivante, soit seulement la seconde année. On remplace ainsi les ceps qui ont péri. Ce procédé s'appelle aussi le *provignage* (1).

C'est au printemps que se fait la plantation. On plante ordinairement les boutures à la *barre*; le sarment, taillé en *biseau* à la base, est enfoncé dans un trou profond de 20 à 25 centimètres, creusé au moyen de la *barre*, ou long plantoir en fer. On remplit ensuite le trou de terreau, on tasse la terre autour, et on taille à deux yeux. Quelquefois on enfonce directement le sarment dans le sol, sans se servir de la barre. Ce procédé ne peut être employé que dans les terrains parfaitement ameublis; mais on doit le préférer, quand il est possible, parce que la barre durcit le sol autour de la bouture.

Les barbats se plantent à la pioche. On les enfonce aussi à une profondeur de 20 à 25 centimètres; on met du terreau dans le trou, on tasse, et on taille à deux yeux.

Dans la Lorraine, on ne cultive guère la vigne que d'une seule manière: les ceps sont placés en lignes espacées de 0m80 à 1 mètre, et munis d'*échalas* qu'on place au prin-

(1) Il faudrait abandonner le provignage, qui ne produit que des résultats médiocres, et le remplacer par la plantation.

temps, et qu'on enlève pour l'hiver. Cependant, dans les environs de Metz et de Briey, on laisse pousser la vigne en haut-vent, de sorte que les ceps sont plus vigoureux et plus résistants.

Si l'on veut un vin de bonne qualité, il faut à peine fumer au fumier de ferme, parce que, si l'on obtient par la fumure plus de raisin, il est moins bon. Encore ne faut-il donner qu'un fumier bien passé ou des composts. Les cendres, surtout celles des sarments, les débris de la fermentation et de la distillation, qui ne peuvent être utilisés comme aliments par les bestiaux, produisent toujours un bon effet. Quant aux engrais minéraux, ceux qui renferment de la potasse sont les meilleurs, parce que, comme nous l'avons déjà vu, la potasse est nécessaire à la formation du sucre dans le raisin. Les phosphates et les engrais azotés donnent aussi de bons résultats.

Soins d'entretien. — La vigne se trouve bien de recevoir trois *façons* au moins tous les ans : d'abord un labour profond, qui se fait à la bêche ou mieux à la houe à deux dents, pour ne pas blesser les racines. ensuite deux binages.

Mais l'opération la plus importante est la *taille*.

Les jeunes plants sont taillés dès l'hiver qui suit la plantation : on conserve deux sarments, que l'on coupe à deux yeux. On répète la même taille l'année suivante, en laissant aussi deux sarments ; à la fin de la 3ᵉ année, les deux sarments qu'on a laissés venir après la 2ᵉ taille sont taillés à deux yeux.

Dès ce moment, la vigne est formée, et on taille tous les ans à peu près comme la troisième année, en ne laissant que deux ou trois sarments, suivant la force de chaque cep. En été, les coursons qui poussent trop vite doivent être pincés, pour forcer la sève à se porter dans les grappes. Comme on le voit, on n'a pas à s'occuper de boutons à fruits ; la vigne, en effet, ne fleurit que sur les pousses de l'année.

Après que la vigne a poussé. surtout dans les printemps un peu précoces, les gelées tardives sont souvent à craindre. Aussi, depuis nombre d'années, a-t-on recherché les meilleurs moyens d'empêcher ses ravages. Le plus efficace paraît être celui qui consiste à former des nuages artificiels qui arrêtent le rayonnement. On brûle, pour y arriver, sur de grandes régions à la fois, du goudron, des feuilles, ou divers débris végétaux peu secs, dont la combustion lente produit beaucoup de fumée.

Questionnaire. — La culture de la vigne est-elle très avantageuse ? — Quels terrains préfère cette plante ? — Qnelles sont les variétés les plus cultivées dans notre région ? — Comment doit-on choisir le cépage ? — Comment reproduit-on la vigne ? —

Dites comment se font les plantations. — Quelle fumure faut-il choisir ? — Quel travail faut-il faire dans la vigne tous les ans ? — Comment faut-il tailler la vigne ? — Comment peut-on quelquefois prévenir la gelée ?

Devoir. — LÉGENDE ARABE : *Le diable donna la vigne à Noé. Au moment de planter le cep, le démon sacrifie sur la fosse, un lion, un singe, un âne et enfin un porc. Montrer que ce sont les symboles de la force, de la malice mêlée d'agitation, de la stupidité, enfin de l'abjection.*

33e LEÇON. — LA VIGNE (Suite et fin)

SOMMAIRE. — Maladies de la vigne. — L'oïdium. — Le mildew. — La jaunisse. — Le pourridié — Le black-rot. — L'anthracnose — Récolte. — Fabrication du vin. — Les vignes américaines et le phylloxera.

Maladies de la vigne. — La vigne est sujette à plusieurs maladies dont les principales sont : l'*oïdium*, le *mildew* (prononcez *mildiou*), le *pourridié*, le *black-rot*, l'*anthracnose*, la *jaunisse*, etc. Elle est aussi attaquée par un certain nombre d'insectes, dont le plus terrible est le *phylloxera*, si petit qu'on peut à peine l'apercevoir à l'œil nu.

Oïdium. — C'est un champignon microscopique, qui naît sur les sarments et les grains du raisin, et vit à leurs dépens. On prévient et on guérit cette maladie par le *soufrage :* au moyen d'un soufflet spécial, on répand de la *fleur de soufre* sur les parties attaquées. L'opération doit être répétée à plusieurs reprises, par un temps chaud, sec et calme ; elle exige l'emploi de 25 à 30 kilog. de fleur de soufre à l'hectare.

Mildew. — Le mildew ou *faux-oïdium* s'attaque aux feuilles. On aperçoit dessus des taches d'abord jaunes, puis brun clair, enfin brun foncé ou feuille morte, qui s'agrandissent peu à peu, et correspondent à une autre grosse tache blanchâtre située sous la feuille. Les feuilles malades tombent bientôt, et le raisin mal nourri faute de

sève, n'arrive pas à maturité et demeure *sûr*. On remédie
au mildew en arrosant les feuilles au *pulvérisateur* avec la
bouillie bordelaise. On doit opérer, comme pour le soufrage,
par un temps calme et sec, et recommencer plusieurs fois.

Pourridié. — Le pourridié s'attaque aux racines, et
les décompose rapidement, de sorte que la souche finit par
pouvoir être arrachée sans effort. Il n'existe pas de remède
connu.

Black-rot (pourriture noire). — Le black-rot est une
maladie du raisin. On aperçoit d'abord sur le grain une
petite tache rouge qui passe au brun ; au bout de deux
jours, le grain est complètement altéré, il se dessèche
ensuite et tombe. Cette maladie n'a fait que peu de dégâts
en France.

Anthracnose. — L'anthracnose, au début de la végétation, attaque les feuilles qui se recroquevillent, noir-
cissent et tombent. On les guérit en les saupoudrant avec
un mélange de fleur de soufre et de chaux vive pulvérisée.
On peut aussi badigeonner les ceps, en hiver, avec une
dissolution de 2 kilog. de fer dans 4 ou 5 litres d'eau.

Toutes ces maladies sont dues, comme l'oïdium, à des
champignons qui vivent aux dépens des parties attaquées.

Jaunisse. — La jaunisse provient de la pauvreté du
sol, et se reconnaît à la faiblesse de la végétation. Il suffit,
pour guérir la vigne, de donner à chaque cep une fumure
très légère, mais répétée, au moment d'une pluie modérée.

Récolte. — Le raisin ne doit être récolté que lorsqu'il
est bien mûr, et autant qu'on le peut, pendant une période
de beaux jours. Il s'est chargé de *sucre* pendant ce temps,
et la richesse du vin en alcool dépend, comme on le sait,
de la quantité de sucre que renferme le grain.

On doit aussi avoir soin de trier le raisin, ce qu'on fait
trop rarement dans nos pays, et de ne mettre en foulage
que celui qui est sain et mûr.

Fabrication du vin. — Sitôt le raisin cueilli, on le
foule, soit dans des *barriques*, soit dans la *cuvette* du *pressoir*, soit avec le *fouloir à vendange*, formé de deux cylin-
dres tournant l'un contre l'autre, entre lesquels passe le
raisin. On met aussitôt en cuve, et le moût commence à
fermenter.

La fermentation est d'autant plus rapide et plus parfaite que la température est plus élevée. On reconnaît qu'elle est terminée quand la cuve ne produit plus de *crépitement* à l'intérieur. Elle a pour effet de transformer le *sucre* en *alcool*, tout en dégageant une grande quantité d'*acide carbonique*, gaz plus lourd que l'air, qui ne peut servir à la respiration, et qui asphyxie. Le liquide en fermentation s'appelle *vin doux*.

La fermentation achevée, on met le vin dans des barriques bien soufrées et bien rincées, en évitant le contact de l'air autant qu'on le peut. Le marc est ensuite porté sous le pressoir, pour en extraire un vin de deuxième qualité, que l'on met aussi en barriques. Ces barriques ne doivent pas être bouchées hermétiquement : la bonde doit seulement être recouverte d'une feuille de vigne chargée de sable. Comme il se produit toujours une perte à cause de la fermentation lente qui continue, il faut avoir soin de remettre du vin dans chaque barrique, par la bonde, tous les jours au début, puis plus rarement.

Le *soutirage* se fait dans le courant de mars ou avril, par un temps froid et sec, en évitant toujours le contact de l'air autant que possible.

Si le vin ne s'éclaircit pas seul, on y verse, par barrique, une douzaine de *blancs d'œufs* délayés dans un peu d'eau de sel, et on agite vivement avec une baguette. Le blanc d'œuf ou *albumine* entraîne toutes les matières en suspension qui troublaient le vin. Au bout de 6 à 12 jours, on soutire.

Le vin est sujet à plusieurs maladies : 1° le *trouble*, dû à une température trop élevée ; 2° le *gras* ou *filant*, qui se guérit avec de la noix de galle ; 3° l'*amertume* qui se guérit avec un peu de lait de chaux ; 4° enfin le vin peut s'*aigrir*, lorsqu'il a été mal soigné. Aussitôt qu'on s'en aperçoit, il faut soutirer dans un fût parfaitement nettoyé et soufré.

Les vignes américaines et le phylloxera. — Dans presque toute la France, un grand nombre de vignobles ont été détruits par le *phylloxera*, insecte microscopique, qui s'attaque aux racines de la vigne, et se nourrit à leurs dépens. Les moyens employés pour le détruire ont été jusqu'alors peu efficaces. On obtient cependant des résultats en inondant les vignes en plaine pendant 6 ou 7 semaines soit à l'automne, soit au printemps avant la pousse. Dans les coteaux, on a eu recours à des injections souterraines de *sulfure de carbone*. Mais, en général, on n'arrive à se préserver de ses atteintes qu'en remplaçant les ceps français, trop facilement attaqués et trop sensibles, par des *cépages américains*, beaucoup plus résistants et d'une végétation vigoureuse. Ces cépages sont destinés soit à produire directement du raisin, comme le *Noah*, l'*Herbemont*, l'*Othello*, soit à être greffés avec des greffes françaises, comme le *Riparia sauvage*, le *Solonis*, le *Rupestris*, l'*Yorks'Madeira*, etc.

Questionnaire. — Quelles sont les maladies de la vigne, et comment les guérit-on ? — Comment récolte-t-on le raisin ? — Expliquez la fabrication du vin. — Quels soins réclame le vin ? — Dites les principales maladies du vin ? — Parlez du phylloxera et des vignes américaines.

Devoir. — *La vendange. Description.* — *Le raisin est mûr.* — *Les vendangeurs dans la vigne.* — *Les voitures chargées.* — *Le foulage.* — *La cuve.* — *La fermentation.*

CHAPITRE VIII

LE JARDIN POTAGER

34ᵉ LEÇON. — LE JARDIN POTAGER

SOMMAIRE. — A quoi sert le jardin potager. — Classement des plantes du jardin potager. — § 1ᵉʳ. Plantes à graines comestibles. — § 2. Plantes à feuilles comestibles : les choux, l'oseille, l'épinard, les laitues, les chicorées, la mâche. — § 3. Plante à tige comestible : l'asperge.

A quoi sert le jardin potager. — Le jardin potager est le domaine de la ménagère ; le cultivateur n'a à s'en occuper que pour les gros travaux de culture au printemps. C'est de là qu'elle tire la plus grande partie des légumes destinés à l'alimentation du personnel de la ferme, comme des *haricots*, des *pois*, des *choux*, des *radis*, des *épinards*, des *salades*, etc. ; elle y cultive aussi des assaisonnements, comme les *oignons*, les *échalottes*, les *ails*, le *persil*, le *cerfeuil*, l'*anis*, l'*estragon* ; elle y entretient une *couche* destinée à la production des *primeurs*, c'est-à-dire des plantes forcées à croître de très bonne heure, soit pour la consommation directe, soit surtout pour être repiquées, comme les choux et les laitues.

Enfin, dans les plates-bandes, se trouvent des *fraisiers* et des *groseilliers*, dont les fruits sont tant aimés de tout le monde ; presque toujours aussi, les fleurs qu'elle y cultive en même temps donnent un aspect plus gai et plus pittoresque au jardin tout entier, grâce à leurs parfums agréables, et à leurs couleurs variées.

Classement des plantes du jardin potager. — On peut diviser les plantes du jardin potager de la manière suivante :

1° en plantes à fruits comestibles ;
2°   —   à feuilles comestibles ;
3°   —   à tige comestible ;
4°   —   à fleurs comestibles ;
5°   —   à racines ou à tubercules comestibles ;
6°   —   servant d'assaisonnement ou de condiment;
7°   —   d'agrément à fruits comestibles.

§ 1ᵉ PLANTES A FRUITS COMESTIBLES

Les principales sont : le *haricot* et le *pois*.

On les cultive dans le jardin potager comme dans les champs ; mais la récolte ne se fait pas de la même manière : ceux de la grande culture sont destinés à donner des *légumes secs*, tandis que ceux du jardin seront mangés *en vert*. Pour les cueillir, il faut couper le pédoncule sans tirer la tige, afin de ne pas déraciner la plante, ou briser les rameaux.

Les meilleures variétés de haricots ont déjà été nommées : ce sont les mêmes que celles de la grande culture. Quant aux espèces de pois que l'on préfère pour le jardin, les principales sont, parmi les pois nains, le *Michaux de Hollande*, très précoce ; le *Prince-Albert*, le pois *Reine-des-Nains*, productif ; et parmi les pois ramés, le *Champigny*, le *Marly*, le *Clamart*, le *pois ridé* de Knigkt, le *pois serpette*. Les pois à rames se divisent en *pois sucrés* et *pois mangetout*. Pour faire la semence des haricots et des pois, il faut réserver plusieurs belles plantes, dont on ne cueille pas les premières cosses, qui donneront une graine plus forte.

§ 2. PLANTES A FEUILLES COMESTIBLES

Les principales plantes dont on mange les feuilles sont : le *chou*, l'*oseille*, l'*épinard*, les *laitues*, les *endives*, la *mâche*.

Les choux. — Il existe un grand nombre de variétés de choux ; les plus répandues sont : le *chou cabus blanc d'Alsace*, qu'on appelle aussi *chou quintal* ou *chou à choucroûte :* le *chou cabus rouge*, à feuilles d'un rouge violet ; les *choux Milan* ou de *Savoie ;* le *chou de Bruxelles ;* les *choux à pomme conique*, dont les meilleurs sont le *cœur de bœuf* ou *pain de sucre*, le *chou d'York* et le *chou de Poméranie ;* enfin, les *choux d'hiver*, qui ne pomment pas, mais sont très rustiques, et résistent parfaitement aux froids.

Tous ces choux se cultivent à peu près l'un comme l'autre. Ils aiment un sol profond, fertile et humide. L'engrais liquide, les vidanges, et les fumiers gras leur conviennent à merveille, même en grande quantité.

Les choux se sèment en pépinière et se repiquent en lignes. Pour en avoir en toute saison, on peut en semer à trois reprises : en mars, pour être repiqués en mai ; en avril-mai, pour être repiqués en juin ; enfin, en septembre, pour être mis à l'abri au midi, avant les neiges, et être repiqués de bonne heure au printemps. Quelque temps après qu'ils sont mis en place, on les bine, et on les butte fortement.

L'oseille. — Bien que cette plante serve plutôt d'assaisonnement que d'aliment, à cause de ses qualités peu nutritives, ses feuilles cuites et hachées s'associent parfaitement à la viande, aux œufs, au poisson, aux épinards, etc. La culture en est très facile : elle se reproduit ordinairement par la division des touffes de racines, au printemps. Les tiges sont écimées, pour forcer la sève à se porter dans les feuilles.

Epinard. — Cette culture ne demande que peu de soins, et donne des produits estimés, bien que peu nourrissants. On en cultive trois variétés principales : l'*épinard commun*, l'*épinard de Hollande* et l'*épinard d'Esquernes*. Les deux dernières sont à feuilles très larges. Si on le sème au printemps, il monte vite à graine ; il vaut beaucoup mieux ne le semer que vers juillet-août ; il donne déjà avant l'hiver, et devient très productif dès les premiers beaux jours.

Il aime un terrain bien fumé, et profite surtout des engrais liquides donnés à une culture précédente, ou au moment du labour.

On l'arrache lorsqu'il commence à monter, en ne laissant que quelques pieds seulement, pour la semence ; les pieds mâles sont arrachés aussitôt après la floraison ; les pieds femelles, dont il faut pincer l'extrémité des tiges au moment d'arracher les mâles, sont laissés jusqu'au moment où les graines sont mûres.

Laitues. — Chicorées et endives. — On cultive les laitues et les chicorées pour manger leurs feuilles en salade.

Les laitues ont la pomme *ronde* ou *allongée*. Les premières forment trois groupes : 1° les laitues de printemps, dont les meilleures sont : la *Dauphine*, le *cordon rouge*, la *petite blonde ;* 2° les laitues d'été, comme la *blonde de Versailles*, la *blonde paresseuse*, la *belle et bonne*, la *royale*, etc. ; 3° les laitues d'hiver, comme la *crêpe*, la *gotte*, et la *laitue de la passion*.

Les laitues à pomme *allongée* ou *romaines*, qu'on appelle aussi *chicons*, sont : la *verte maraîchère*, l'*alphange*, la *blonde maraîchère*, le *Ballon*, etc.

Il en existe encore une foule d'autres variétés plus ou moins estimées.

On sème celles d'hiver sur couche, et les autres en pleine terre, au printemps, pour les repiquer ensuite en lignes. Dès qu'elles souffrent de la sécheresse, elles montent bientôt ; il faut donc les arroser souvent.

Les *romaines* se cultivent exactement comme les autres laitues.

Les *chicorées* ont un goût amer caractéristique, qui, en général, ne déplaît pas. Elles sont toutes très saines et peuvent se garder longtemps. On cultive les variétés qu'on appelle *frisées* ou *endives d'Italie*, de *Meaux*, *corne de cerf*, et sous le nom de *scaroles*, des chicorées à feuilles entières, qui se conservent pendant l'hiver.

Les *chicorées* se cultivent aussi comme les laitues, dont elles sont d'ailleurs très voisines, et se sèment dès les premiers beaux jours pendant tout l'été, jusqu'au mois de juillet. Les *endives* se sèment en juillet et août. A mesure qu'elles sont assez fortes, on les repique, et quand les feuilles sont assez longues, on les lie par un temps sec pour les faire blanchir.

On cultive aussi quelquefois la *chicorée sauvage* ou *pissen-lit;* à l'entrée de l'hiver, on l'arrache, en ménageant la racine, et on la met à la cave dans l'obscurité, les racines dans du terreau ou du sable un peu humide. On peut aussi la mettre en jauge profonde. Les feuilles blanchissent, s'allongent, et deviennent tendres, tout en perdant leur amertume. La chicorée amère, préparée de cette manière se nomme *barbe de capucin.*

Mâche. — On connaît aussi cette plante sous le nom de *doucette.* Elle se sème en août et septembre, et devient d'autant plus tendre que la terre est plus fertile.

§ 3. PLANTE A TIGE COMESTIBLE

L'asperge. — L'asperge n'est guère cultivée dans le jardin potager que comme aliment de luxe. Les jardiniers maraîchers seuls la produisent en grand pour la vente qui est très fructueuse.

Voici, d'après Gressent (1), comment il faut s'y prendre :

1° Semis. — L'emplacement du semis doit être labouré profondément et fumé en abondance. A 0^m30 l'un de l'autre, on trace des sillons de 3 à 4 cent. de profondeur, où les graines sont déposées puis recouvertes de terreau. Par les temps secs, les jeunes asperges demandent des arrosages fréquents ; mais pour que l'eau projetée trop violemment ne dérange pas la terre, on recouvre les lignes de paillis fin. Quand on distingue facilement la jeune plante, il est temps de commencer le sarclage et les binages qui doivent être fréquents.

2° Plantation. — Au mois de mars de l'année suivante, les belles *griffes* ou touffes de racines sont bonnes à mettre en place. Cette opération est assez délicate, et demande l'application des principes suivants :

1° Les griffes d'un an, bien saines et non blessées sont les meilleures ;

2° Le sol, bien labouré quelque temps avant, doit être très fertile et riche en calcaire ;

_____

(1) Voir le *Potager moderne*, par Gressent, Goin, éditeur, Paris.

3° Les griffes exigent entre elles un espace d'un mètre en tous sens ;

4° Elles sont placées à 6 cent. seulement de profondeur, les racines bien étalées ;

5° Il faut fumer à chaque labour de printemps, avec du fumier bien passé, en évitant d'en mettre près de la *couronne*, qui supporte les tiges et les racines ;

6° Les asperges en rapport doivent.être buttées en mars; la butte est ouverte chaque fois qu'on veut récolter, l'asperge cassée avec le doigt près de la couronne, et la butte refaite aussitôt. Pour l'hiver, on découvre la griffe presque complètement, car elle ne craint pas la gelée, et se trouve bien d'être peu chargée de terre.

L'asperge aime les terrains meubles à la surface et riches en calcaire. Dans les sols de grès ou de granite, il faut donc lui donner des engrais phosphatés. Elle aime aussi les engrais potassiques.

Entre les lignes d'asperges, on peut, sans grand inconvénient cultiver des plantes basses, oignons, poireaux, pois nains, carottes, etc.

La meilleure variété à cultiver partout est la *rose hâtive d'Argenteuil.*

Questionnaire. — Dites à quoi sert le jardin potager et ce qu'on y cultive. — Comment classe-t-on les plantes potagères ? — Parlez des haricots et des pois. — Comment se cultivent les choux ? — L'oseille demande-t-elle beaucoup de soins ? — Donnez la culture de l'épinard. — Enumérez les principales variétés de laitues, de chicorées, d'endives. — Dites comment on les cultive. — Que font les jardiniers pour cultiver l'asperge ?

Devoirs. — *1° Faire le plan du jardin potager*
2° Les conserves de choux et d'haricots à la ferme. — Comment se font-elles ?

35e Leçon. — **LE POTAGER** (Suite et fin)

SOMMAIRE. — § 4. Plantes à fleurs comestibles : le chou-fleur, l'artichaut. — § 5. Plantes à racines ou tubercules comestibles : les carottes, les navets, les radis, les raves, les panais, la pomme de terre, la scorsonère et le salsifis — § 6. Plantes servant d'assaisonnement ou de condiment : l'oignon, l'ail et l'échalotte, le poireau, la ciboule, le persil et le cerfeuil, l'estragon, le concombre à cornichon. — § 7. — Plantes d'agrément à fruit comestible : le fraisier, le groseillier.

§ 4. PLANTES A FLEURS COMESTIBLES

Le chou-fleur. — Les diverses variétés de choux-fleurs (Fig. page 144) se classent en trois catégories :

les *tendres*, les *demi-durs* et les *durs*. Les premiers sont hâtifs, mais délicats et petits ; les demi-durs sont les plus cultivés par les jardiniers ; les durs sont les plus rustiques et les plus gros. Ces derniers ne demandent guère plus de soins que les choux d'Alsace et se cultivent de la même façon. On les sème dès les premiers jours de mai sur une plate-bande bien fumée, et on les met en place comme les cabus. Ils ne demandent que des arrosages en temps de sécheresse.

Chou-fleur géant d'automne

L'artichaut. — L'artichaut est une sorte de *chardon* qui vient du midi de l'Espagne, où il pousse à l'état sauvage. On le reproduit ordinairement par *œilletons* ou rejets, que l'on détache à l'automne pour les mettre en jauge à l'abri et que l'on repique au printemps sur un sol parfaitement fumé. Les jeunes plants reçoivent un arrosage journalier pendant une ou deux semaines, puis on les laisse à eux-mêmes. On les butte fortement à l'entrée de l'hiver, on les couvre de paille, et la deuxième année est productive, à moins que les froids de l'hiver et l'humidité du printemps ne les aient détruits.

Lorsqu'on craint ces accidents, on peut les rendre productifs dès la première année en les arrosant constamment. Tous les ans, à l'automne, on prend de nouveaux œilletons pour le plant de l'année suivante.

Les variétés les meilleures sont *l'artichaut de Laon* et le *gros camus de Tours*. C'est la fleur de la plante, coupée avant qu'elle soit ouverte, que l'on mange sous le nom de *tête d'artichaut*.

§ 5. PLANTES A RACINES OU TUBERCULES COMESTIBLES

Les plantes cultivées dans le jardin pour leurs racines ou leurs tubercules sont : la *carotte*, le *navet*, le *radis*, la rave, le *panais*, la *pomme de terre*, la *scorsonère*, le *salsifis*. La culture de toutes ces plantes, sauf celle de la scorsonère et du salsifis, a été indiquée précédemment; il ne reste donc à parler que du choix des variétés potagères.

Les *carottes* cultivées dans le jardin sont ordinairement les hâtives, comme la *toupie de Hollande*, très courte, la *carotte de Meaux*, demi-longue, la *jaune de Flandre*, etc. On a l'habitude de les semer à la volée; il serait préférable de les mettre en lignes, ce qui facilite les binages et les sarclages. Il est bon de les éclaircir de bonne heure.

Les variétés de *navets* les plus communes sont le *blanc long*, le *jaune de Freneuse* et le petit *nankin de Finlande*. On les sème à diverses reprises pour en avoir en toute saison.

La culture des *radis* et des *raves* est facile; on les sème à la volée, de mars à juillet, et on arrose fréquemment en temps de sécheresse. On cultive le plus souvent les radis blancs ou noirs, et les petites raves à bout rose.

Les *panais* doivent toujours être semés en lignes. On n'utilise guère leurs racines que pour rehausser la saveur des potages.

Les *pommes de terre* qui prennent place dans le jardin, appartiennent toutes à des variétés précoces; ce sont la *Marjolin*, la *Chaville*, la *Schaw*, la *sept-semaines*, la *neuf-semaines*, etc. On les rend plus précoces encore en exposant, comme dans la grande culture, les tubercules destinés aux plantations, à l'air et à la lumière, loin du froid, pendant tout l'automne et l'hiver, jusqu'au moment de les mettre en terre. Ils prennent ainsi une teinte verte, et les pousses qu'ils donnent pendant ce temps sont courtes, robustes et beaucoup moins fragiles que lorsqu'on les laisse s'étioler à la cave.

Scorsonère et salsifis. — Ces deux plantes, très voisines, se cultivent à peu près l'une comme l'autre. On les sème serrées, à la volée, de préférence à l'automne. Quand elles sont levées, elles ne demandent que quelques sarclages. Les semis de scorsonères faits au printemps comme ceux de l'automne, ne sont productifs qu'à la fin de l'année suivante; ceux du printemps doivent donc être délaissés. Les racines qui n'ont pas été arrachées pour la consommation d'hiver, peuvent rester en terre sans inconvénient.

§ 6. PLANTES SERVANT D'ASSAISONNEMENT OU DE CONDIMENT

Les plantes dont certaines parties servent à relever le goût et la saveur des aliments sont l'*oignon*, le *poireau*, l'*ail*, l'*échalotte*, la *ciboule*, qui ont un *bulbe;* le *persil*, le *cerfeuil*, l'*estragon*, dont on utilise la feuille ou la tige ; le *concombre à petit fruit*, qui produit le *cornichon*.

Oignon. — L'oignon se cultive de deux manières : par semis ou par plants. Dans le premier cas, on sème en avril, et on tasse la terre soit à la pelle, soit à la planchette ; puis on sarcle et on éclaircit selon les nécessités. Dans le second cas, on se procure de petits bulbes gros comme le bout du doigt, qu'on met en place à 8 centimètres l'un de l'autre en quinconce. On obtient ainsi une récolte plus régulière et tout aussi abondante. Ces petits bulbes s'obtiennent par semis très épais faits en juin-juillet ; on les laisse souffrir de la sécheresse, et on les arrache avant l'hiver.

On cultive l'oignon blanc, le jaune et le violet.

L'ail et l'échalotte ont la même culture l'un que l'autre. Ils se reproduisent habituellement non par semis, mais par *caïeux* ou *gousses* qu'on sépare les uns des autres, et qu'on met en quinconce à l'automne ou au printemps. Ces deux plantes craignent l'humidité.

Le poireau. — Il s'obtient par semis à la volée ; on le mélange à l'oignon, ou bien on le sème seul, et on tasse légèrement la surface du sol. Quand il a atteint une grosseur convenable, on le repique en lignes espacées de 0^m10 à 0^m15 en tous sens, en ayant soin de couper la pointe des feuilles et des racines. On en cultive deux variétés, le *gros court de Rouen* et le *long commun*. Ils ne craignent le froid ni l'un ni l'autre.

Ciboule. — On n'emploie guère dans notre région que la *ciboule vivace*, qui demande peu de soins. Il suffit d'en dédoubler les touffes quand elles sont trop grosses.

Toutes les plantes à bulbe aiment beaucoup les cendres, qu'on répand en couverture sur les semis ou les replants.

Le persil et le cerfeuil. — Le persil se sème au printemps, et le cerfeuil en toute saison. On met presque toujours ces deux plantes en bordure, le long des plates-bandes. Elles ne demandent pour ainsi dire aucun soin de culture, sinon qu'il faut les couper de temps en temps pour ne pas les laisser monter à graines.

L'estragon est d'un usage assez restreint. C'est une plante très rustique dont il suffit de diviser les touffes quand elles sont trop grosses. La plante est rasée de temps en temps à quelques centimètres au-dessus du sol, afin de provoquer de jeunes pousses. Ce sont tous les soins qu'elle demande.

Le concombre. — Le concombre à petit fruit ou *cornichon vert* se sème au mois de mai en pleine terre, et dès le mois de mars sur couche, dans une terre parfaitement fertile. Il redoute beaucoup les gelées et veut des arrosages fréquents. Pour obtenir une récolte abondante, il faut pincer l'extrémité des tiges, lorsqu'elles ont de 20 à 30 cent.

§ 7. PLANTES D'AGRÉMENT A FRUIT COMESTIBLE

Le *fraisier* et le *groseillier* sont cultivés dans le jardin à cause de leurs fruits, qu'on mange comme dessert, ou dont on fait des confitures.

Le fraisier. — Les fraisiers sont appelés *remontants* ou *des quatre-saisons* quand ils produisent des fruits pendant tout l'été, et *non remontants* quand ils ne donnent des fleurs qu'une fois. Tous se reproduisent soit par semis, soit par replants. Les mêmes plants ne peuvent être productifs plus de trois ou quatre ans. Il faut au fraisier des arrosages fréquents et abondants, en même temps qu'une température chaude. On doit couper les *rejets* ou *fils* à mesure qu'ils poussent, sauf ceux qui sont nécessaires à la production des plants nouveaux.

Le groseillier. — Ces arbrisseaux ne demandent d'autre soin qu'une taille sommaire ou plutôt un pincement des pousses trop vigoureuses pendant la végétation et une fumure légère. On en cultive trois espèces principales, qui comprennent une foule de variétés : le groseillier à *grappes* rouge ou blanc, dont les *baies* servent à faire les confitures; le *groseillier épineux*, appelé aussi *groseillier à maquereau*, parce que ses fruits peuvent servir, avant leur maturité, à assaisonner la chair de ce poisson : enfin, le *groseillier noir* ou *cassis*, dont les fruits sont *stomachiques*.

Questionnaire. — Quelles sont les plantes à fruits comestibles ? — Comment se cultivent-elles ? — Enumérez les plantes à racines et à tubercules comestibles qu'on introduit au jardin ? — Comment se cultive la scor-sonère ? — Donnez la liste des plantes à bulbes, et la manière de les cultiver. — Parlez du persil, du cerfeuil, de l'estragon et du cornichon. — Comment cultive-t-on le fraisier et le groseillier ?

Devoir. — *Faire un tableau d'assolement pour le jardin potager. — Justifier l'ordre de succession qu'on aura choisi pour les cultures.*

CHAPITRE IX

LE VERGER

36ᵉ LEÇON

SOMMAIRE. — Utilité des arbres fruitiers. — Transplantation. — Greffes : 1° Greffe en fente. — 2° Greffe en couronne. — 3° Greffe par approche. — 4° Greffe en écusson. — Direction des arbres fruitiers. — Notions sommaires sur la taille.

Utilité des arbres fruitiers. — Toute ferme doit posséder des *arbres fruitiers :* les fruits sont sains et ils rafraîchissent le sang ; les soins peu nombreux que demandent les arbres sont d'ailleurs une distraction et presque un repos pour le cultivateur.

Les arbres fruitiers sont disposés de deux manières : en *plein vent* ou en *espaliers*. Ceux qu'on place le plus communément en plein vent sont: les *cerisiers*, les *pruniers*, les *pommiers*, les *noyers*. Ceux qu'on élève de préférence en espaliers sont : l'*abricotier*, le *pêcher*, le *mirabellier* et la *treille*. Enfin on met le *poirier*, qui est le plus cultivé de tous, tantôt en plein vent, tantôt en espalier. Les espaliers, occupent *tous les murs* situés à bonne exposition, au midi, au levant ou au couchant, suivant les espèces.

Tout arbre, pour avoir une forme avantageuse, et pour porter des fruits gros et savoureux, doit être *transplanté* avec soin, et être *greffé, dirigé* et *taillé* suivant les principes enseignés par l'expérience et la réflexion.

Transplantation. — Pour mettre les arbres en place dans le verger ou le jardin potager, il faut d'abord, vers le mois de juillet, creuser des trous de deux mètres de côté et de un mètre de profondeur, en ayant soin de mettre la terre végétale à part. Au mois d'octobre, on choisit des sujets *greffés, jeunes* et *bien sains*, dans la *pépinière;* on les déplante avec précaution, en ménageant le plus possible les racines, dont toutes les cassures et toutes les plaies doivent être tranchées à la serpette. Les trous sont alors remplis en partie de terre végétale. Sur cette terre, et de façon que l'arbre ne soit pas trop enfoui, on étale les racines du plant, en tournant les plus faibles vers le midi ; on enfonce le tuteur entre les plus espacées, et on les recouvre d'une couche de terre végétale , mêlée de fumier. Le trou est enfin comblé par de la terre vierge qu'on arrose ensuite copieusement pour la tasser. Lorsque le sujet que l'on transplante est greffé, la greffe doit se trouver à 10 ou 12 cent. au-dessus du sol.

Greffe. — *La greffe*, dont on laisse presque toujours le soin au pépiniériste, *a pour but de faire produire à un sujet, soit qu'on l'obtienne en pépinière, soit qu'on le trouve en sauvageon, des fruits d'une variété déterminée.* Pour cela, on substitue à sa tige ou à ses branches des rameaux d'arbres appelés *greffons*. Le sujet doit toujours être approprié au sol, au climat, et à la variété greffée.

On pratique plusieurs sortes de greffes. Les principales sont : la *greffe en fente*, la *greffe en couronne*, la *greffe par approche* et la *greffe en écusson*.

1° Greffe en fente. — Cette greffe est celle qui atteint l'arbre le plus fortement. Elle se fait de la manière suivante. On se procure d'abord des *greffons*, ou rameaux de l'année, coupés en décembre ou janvier: on les enterre couchés à 0m30 pour retarder le moment de la végétation. Ces greffons peuvent servir aussi pour la greffe en couronne. Lorsque la sève entre en mouvement, on coupe la tige du sujet *en biseau* au-dessus du sol, au moyen d'une petite scie à main ; la plaie est polie à la serpette, de manière à trancher toutes les déchirures de l'écorce. On fend l'écorce *d'abord*, puis la tige, à partir, du sommet du biseau, dans une faible hauteur. Le greffon est ensuite taillé des deux côtés en lame de couteau (Fig. ci-dessous); on ne laisse de l'écorce que d'un côté de ce biseau, en le faisant tranchant de l'autre. On l'introduit dans la fente du sujet, en ayant bien soin d'ajuster très exactement les deux *aubiers*

pour que la sève puisse passer du sujet au greffon sans difficulté (Fig. ci-contre). On mastique complètement avec le *mastic à greffer*, et on lie de manière qu'aucune plaie ne soit au contact de l'air.

Greffon préparé pour la greffe en fente

On appelle *greffe en fente anglaise* une opération analogue à la précédente, mais dans laquelle le sujet et le greffon doivent être d'*égale grosseur*. On les taille tous deux d'un côté en biseau très allongé, de manière que les deux tranches s'appliquent bien l'une sur l'autre, puis on pratique une fente dans le milieu de la longueur de chaque biseau, et on fait entrer les deux *esquilles* l'une dans l'autre. Cette greffe se fait principalement sur les vignes, mais elle peut être pratiquée avantageusement sur les arbres fruitiers.

Greffe en fente

Les greffes en fente peuvent être commencées dès la seconde moitié de mars.

2° Greffe en couronne. — La *greffe en couronne* est moins dangereuse pour le sujet que la greffe en fente, parce que le bois n'est pas fendu, et elle réussit plus aisément ; elle se pratique à la même saison. Le sujet est décapité, le greffon est incisé d'un côté à angle droit jusqu'à la moelle et, dès cette *incision* ou *encoche*, aminci du côté de la base en biseau allongé en laissant toute l'écorce de la partie non enlevée. (Fig. ci-contre). L'écorce du sujet est ensuite soulevée au moyen de la *spatule*, en évitant toute déchirure et en ménageant l'aubier. Enfin, le biseau du greffon est introduit sous l'écorce soulevée, et enfoncé jusqu'à l'*encoche*

Greffon préparé pour la greffe en couronne

où commence le biseau. On peut placer deux ou trois greffons sur le même sujet (Fig. ci-contre). Le mastic et la ligature sont posés comme pour la greffe en fente.

3° Greffe par approche. — La *greffe par approche* est pratiquée surtout sur les arbres *en cordon*. Elle est très facile et réussit presque toujours. Elle peut se faire à peu près en toute saison, sauf pendant les grands froids et les grandes chaleurs. On pratique sur la branche à greffer, qui ne se détache pas de son pied, et sur le sujet, deux entailles égales qui se correspondent, et atteignent le bois jusqu'au tiers de son diamètre. Les deux entailles sont appliquées l'une sur l'autre, liées avec de la laine, et masti quées.

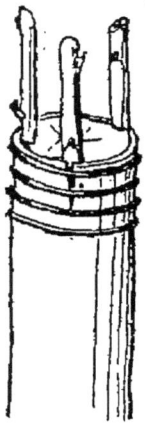

Greffe en couronne

Pour consolider la greffe, on peut pratiquer sur les entailles, qui ont toujours au moins 4 centimètres, deux esquilles en sens inverse, qu'on fait pénétrer l'une dans l'autre. C'est alors la *greffe par approche anglaise*. (Fig. ci-contre).

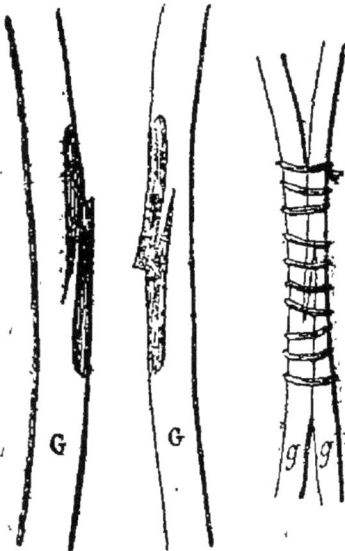

4° Greffe en écusson. — Cette greffe (Fig. page 152), consiste à enlever un *bourgeon à bois* avec un peu d'écorce sur une jeune branche de la variétéqu'on veut reproduire. On laisse à cet œil le moins possible de bois sous l'écorce, sans toutefois enlever le *germe* de l'œil. Une incision en T ou en + est pratiquée ensuite sur le sujet, de façon à ne pas attaquer l'aubier, et les angles de cette incision sont soulevés à la spatule pour y introduire le bourgeon ou *écusson*. On lie simplement avec de la laine, et au bout de 8 ou 10 jours on desserre un peu le lien. Au printemps, si la greffe est bien reprise, on décapite le sujet à quelques centimètres au-dessus, et en août, on supprime tout le bois qui dépasse le rameau.

Greffe par approche Anglaise

GG Les 2 greffons préparés.
gg Les 2 greffons appliqués et ligaturés.

Prise de l'écusson   Sujet préparé   Écusson placé sur le sujet et prêt à être ligaturé

La greffe en écusson peut être pratiquée au printemps ou à l'automne. Elle réussit sur tous les arbres, et c'est la moins dangereuse pour la vie du sujet; elle est utilisée pour les rosiers et pour les arbustes à fleurs.

Direction des arbres fruitiers. — La direction à donner aux arbres fruitiers dépend de leur situation et de leur espèce.

Les arbres de plein-vent sont presque toujours disposés en *cône*, en *pyramide*, en *boule*, en *gobelet*, ou en *cordon*. Les espaliers affectent la forme de *palmettes* ou de *cordons parallèles horizontaux* ou *inclinés*.

Les principes les plus importants à connaître pour la direction générale d'un arbre, quelle que soit la forme adoptée, sont les suivants :

1° *La sève se porte plus volontiers dans les branches verticales que dans les branches horizontales, ou inclinées, ou seulement recourbées;*

2° *Lorsque la sève est gênée par un moyen quelconque, les bourgeons se portent plutôt à fruit qu'à bois;*

3° *Il faut se garder de forcer l'arbre à donner des fruits avant qu'il ait acquis une charpente solide, parce qu'il s'épuiserait vite et mourrait jeune.*

Notions sommaires sur la taille. — C'est par la *taille* qu'on applique ces principes, qu'on détermine pratiquement la forme de l'arbre, et qu'on la maintient ou qu'on la corrige. Le premier point à obtenir, avec un arbre jeune, c'est une charpente solide et régulière. On y arrive aisément en ayant soin de ne laisser des branches se développer qu'à des intervalles de 0m30 environ ; on doit veiller en même temps à maintenir l'équilibre entre elles : 1° *en ne taillant pas et redressant celles qui sont trop faibles ; 2° en taillant court ou cassant puis recourbant vers le sol celles qui sont* *trop fortes;* et 3° *en donnant même taille et même inclinaison à celles qui sont de force égale.*

La charpente obtenue, on porte à fruit. Pour y arriver, on provoque le développement des bourgeons à fruit de plusieurs manières : 1° *en supprimant autant que possible toute taille aux branches de charpente ;* 2° *en pinçant les jeunes pousses secondaires;* 3° pour le poirier, *en ne pratiquant que la taille en vert sur les parties pincées l'année précédente.* Les procédés qui consistent à fatiguer la sève par des incisions dans le tronc, par des blessures de toutes sortes, par des mutilations ou des tailles trop nombreuses, doivent être évités, parce qu'ils ont pour principal résultat de faire périr l'arbre plus tôt.

Toutes les tailles, sauf le pincement, doivent être nettes, elles doivent former un biseau très court, près du dernier œil laissé, pour qu'il n'y ait pas de bois mort et que les branches ne soient pas tortueuses.

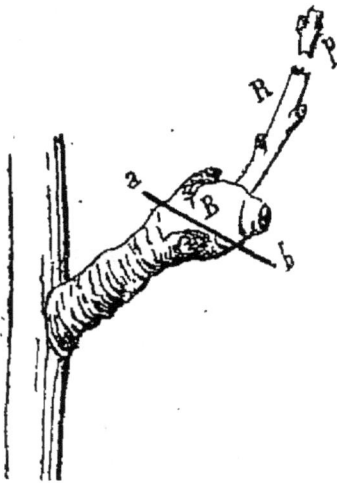

Lambourde de poirier ayant donné des fruits

R. Rameau ayant poussé sur la bourse, pincé en *p*.

a b Ligne suivant laquelle il faut rapprocher la lambourde.

La taille du poirier veut une mention spéciale. Ses *boutons à fruit* se produisent sur des *bourgeons,* des *dards* ou des *brindilles.* Le renflement qui suit la production des fruits s'appelle *lambourde.* (FIG. ci-contre). Il ne faut pas laisser les lambourdes s'allonger outre mesure, parce que le nombre des fleurs serait trop grand et les fruits trop petits et peu savoureux; on les *rapproche,* c'est-à-dire qu'on supprime une partie de leur bois quand elles atteignent quelques centimètres.

Pour tous les arbres fruitiers, on observe les mêmes règles générales ; mais il ne faut pas oublier que chaque espèce veut un traitement pratique spécial, et qu'on ne peut guère apprendre tout ce qu'il faut savoir pour diriger et tailler que par l'expérience (1).

(1) Pour plus de développements, voir les traités spéciaux de Joigneaux, de Gressent, de Du Breuil, de Hardy, de Leroy, etc., etc.

Questionnaire. — Parlez de l'utilité des arbres fruitiers. — Enumérez ceux qu'on cultive en espaliers ou en plein vent. — Comment transplante-t-on les arbres ? — Quelles sont les principales sortes de greffes ? — Comment se pratique chacune d'elles ? — Quelles sont les principales formes qu'on donne aux arbres ? — Quels principes faut-il connaître pour les diriger ? — Que faut-il faire pour leur donner une forte charpente ? — Comment porte-t-on les arbres à donner des fruits ? — Qu'est-ce que les lambourdes du poirier, et comment les traite-t-on ? — Comment peut-on apprendre complètement la taille ?

Devoir. — *Les diverses parties d'un arbre fruitier. Rôle de chaque partie.*

CHAPITRE X

37ᵉ Leçon. — **LES FLEURS**

(Leçon spéciale aux écoles de filles)

SOMMAIRE. — Utilité des fleurs. — Classement. — 1° Arbustes : le rosier. — Les autres arbustes. — 2° Plantes vivaces. — 3° Plantes annuelles.

Utilité des fleurs. — Une ménagère intelligente et dévouée recherche ce qui peut contribuer à rendre agréable le séjour de l'habitation. Les fleurs égayent parce qu'elles font plaisir aux yeux ; elles forment donc un attrait qu'il est bon de ne pas négliger. Leur culture, d'ailleurs, est une sorte de récréation plutôt qu'un véritable travail.

Classement. — Les fleurs de pleine terre qui doivent trouver place dans le jardin sont produites par des *arbustes*, ou des plantes *vivaces*, ou des plantes *annuelles*.

1° Arbustes. — Les principaux arbustes à fleurs sont: le *rosier*, le *lilas*, le *jasmin*, la *vigne vierge*, le *chèvre-feuille*, la *glycine*, etc.

Le rosier. — La rose a la réputation méritée d'être la plus belle fleur. Le rosier se reproduit surtout par *greffe en écusson* sur l'églantier ; quelquefois, on en fait aussi des boutures. Les espèces les plus renommées sont : le *rosier de France* ; les *rosiers à bractées* originaires de Chine ; les *rosiers à cent feuilles* ; les *rosiers moussus* ; les *rosiers de Damas* ou *des 4 saisons* ; le *rosier du Bengale*, etc., qui ont donné des variétés à l'infini ; enfin, le *rosier de Banck*, grimpant et pouvant former de magnifiques berceaux de verdure et de fleurs.

La plupart des rosiers sont sensibles à la gelée ; pour les préserver, après leur avoir donné une taille sommaire en octobre, on entoure la tête de paille sèche, que l'on fixe en l'enfermant dans un fort papier goudronné et bien ficelé ; ou bien on recourbe la tige et on enfouit les branches dans le sol. Au printemps, on redresse les arbustes ainsi traités, on leur donne un tuteur, et on les taille.

Les autres arbustes. — Les autres arbustes qui servent à l'ornementation, n'ont besoin que de tailles destinées à déterminer leur forme. Les uns, comme les *lilas*, le *jasmin*, forment des massifs dans les endroits où l'ombrage ne peut nuire ; les autres, comme la *vigne vierge*, le *chèvre-feuille*, la *glycine*, la *clématite*, sont grimpants, et, avec le rosier de Banck, sont utilisés pour orner les berceaux et les murs.

2° Plantes vivaces. — Les plantes vivaces les plus belles sont : le *dahlia*, la *pivoine*, le *chrysanthème*, le *lis*, l'*iris*, le *glaïeul*, la *jacinthe*, la *tulipe*, le *crocus*, le *géranium*, le *fuchsia*, l'*œillet*, le *muflier*, le *phlox*, l'*ancolie*, la *campanule*, la *violette*, etc.

Les *dahlias* fleurissent en automne. Ils se reproduisent par leurs tubercules qu'il faut enlever du jardin aux premiers froids et mettre en cave. Au printemps suivant, ces tubercules se remettent en place pour l'année. Pour se rappeler les nuances de leurs fleurs, on a soin de les étiqueter en les mettant à l'abri.

La *pivoine* fournit des variétés très nombreuses et de toutes nuances ; les plus connues sont les *pivoines arborescentes*, et surtout les *pivoines à grandes fleurs* et à *racine tubéreuse*. Elles ne demandent aucun soin.

Le *chrysanthème* se reproduit par boutures ou par division des touffes. Si l'on veut des tiges de petite taille, il suffit de pincer les pousses de la jeune plante quand elles ont atteint quelques centimètres.

Les *glaïeuls*, les *lis*, les *iris* se reproduisent par leurs oignons ou leurs tubercules, sans qu'il soit besoin d'y toucher autrement que pour les diviser ou les déplacer.

Les *tulipes*, les *jacinthes*, les *crocus* se multiplient aussi par leurs oignons. On les relève après la floraison, quand les tiges florales sont desséchées, et on les replace en octobre. On peut, en hiver, en obtenir des fleurs dans des pots, avec une terre légère. En plaçant l'oignon de la jacinthe sur un vase spécial, plein d'eau, de manière que la couronne qui porte les racines soit toujours humectée, on en obtient aussi des fleurs.

Le *géranium* et le *fuchsia* ne peuvent se conserver en hiver que dans les appartements chauffés ou les serres. Ils se reproduisent par boutures ; ils aiment une terre légère, mêlée de terreau.

Les autres plantes vivaces se multiplient par division des touffes, par éclats, ou par semis.

3° Plantes annuelles. — Les plantes annuelles les plus cultivées pour leurs fleurs sont : les *reines-marguerites,* les *balsamines,* les *giroflées,* les *pensées,* le *réséda,* le *zinnia,* le *pied d'alouette,* les *primevères,* les *pavots,* les *pétunias,* les *volubilis* ou *liserons,* les *immortelles,* les *capucines,* les *mauves,* le *pourpier,* etc., etc.

Toutes ces fleurs se sèment au printemps et sont d'une culture très facile.

La *reine-marguerite,* la *giroflée,* la *balsamine,* la *pensée,* demandent seules quelques soins. Les trois premières veulent, pour le semis, une bonne terre légère, riche en terreau et bien exposée. On les repique au bout de quelques semaines en pépinière, et quand les premiers boutons à fleurs apparaissent, on les met en place dans une terre bien fertile.

La *pensée* ne se sème qu'en juillet et se repique à l'automne en pépinière, pour passer l'hiver. Au printemps suivant, on ne met en place que les plus beaux plants.

Questionnaire. — Pourquoi la ménagère doit-elle cultiver des fleurs ? — Comment classe-t-on les plantes qui les produisent ? — Nommez les principaux arbustes à fleurs. — Parlez du rosier, et citez les principales variétés. — Comment traite-t-on le rosier en hiver ? — Que savez-vous de particulier sur les autres arbustes ? — Quelles sont les plus belles plantes à fleurs vivaces ? — Comment se cultivent le dahlia ? — la pivoine ? — le chrysanthème ? — Comment se reproduisent les plantes à oignons ? — Quels soins demandent le géranium et le fuchsia ? — Citez les fleurs annuelles les plus importantes. — Parlez de la reine-marguerite, de la giroflée, de la balsamine et de la pensée.

Devoir. — *Dans une lettre à une amie, dites comment vous avez disposé les fleurs dans le jardin, pour que le regard soit satisfait. — Plaisir que vous a causé cette occupation. — Compliments de vos parents.*

CHAPITRE XI

LA BASSE-COUR

38ᵉ LEÇON.

SOMMAIRE. — Ce que la basse-cour renferme. — Installation et exposition. — La poule. — Élevage. — Soins. — Le dindon. — Le canard. — L'oie — Le pigeon. — Le lapin.

Ce que la basse-cour renferme. — Bien peu de ménagères pourraient se passer de la basse-cour. Elles en tirent toujours, d'ailleurs, profit et agrément, et utilisent, pour la nourriture des volailles, une foule de débris qui seraient perdus. Les soins que réclame cette partie de l'exploitation sont assez restreints, et la mère de famille est bien aise d'avoir sous la main, pour l'occasion, quelques œufs, ou un jeune poulet, ou un lapin, sans compter que le marché débarrassera aisément, et avec avantage, de ces produits dans toutes les saisons.

Les oiseaux que la basse-cour renferme sont : 1° les *poules* et les *dindons*, de la famille des *gallinacés ;* et 2° les *canards* et les *oies*, de la famille des *palmipèdes*. Dans les dépendances de la basse-cour, on place ordinairement le *clapier* et le *pigeonnier*.

Installation et exposition. — La basse-cour est un enclos couvert où les volailles rentrent pour la nuit. Les poules, les canards et les autres oiseaux aiment le soleil et la liberté ; il serait donc excellent de les laisser courir pendant la belle saison ; le profit direct serait peut-être plus grand, mais les dégâts que les poules causent dans les jardins et les champs, le désordre qu'elles mettent au fumier, obligent souvent à les enfermer dans une cour découverte que l'on entoure d'un treillis métallique. Pour les canards et les oies, on ménage sur l'un des côtés de cette cour un bassin où arrive l'eau courante ; mais cela n'est pas absolument nécessaire, parce qu'on peut les élever sans cela. En hiver, plus la basse-cour est chaude, *bien éclairée* et en même temps *aérée*, plus tôt les poules pondent ; mais il leur faut une bonne nourriture et des plâtras.

Aux murs sont attachés les *perchoirs*, où les oiseaux ont accès de diverses manières. Ceux qui sont disposés à la façon d'une échelle couchée à plat sont préférables aux autres, parce qu'ils laissent tomber la fiente à terre. Sur les côtés, et à un mètre et demi au moins au-dessus du sol, dans les parties ni trop éclairées ni trop obscures, sont suspendus les nids assez nombreux pour que la moitié des pondeuses puisse y trouver place à la fois.

La basse-cour doit être nettoyée souvent et tenue propre, dans l'intérêt des oiseaux et de la ponte même. L'engrais qu'on en tire, appelé *colombine*, comme celui du pigeonnier, est très actif; on l'ajoute au tas de fumier, ou bien on le met à part pour certaines cultures potagères.

Les poules. — Il existe un certain nombre de variétés de poules : la *race Crève-cœur*, la *race de Houdan*, la *race de la Flèche*, la *race Dorking*, la *race de Cochinchine*, la *race commune*, etc. Cette dernière, plus rustique que les autres, est un peu plus petite, mais c'est la plus robuste et la meilleure pondeuse ; de plus, sa chair est d'excellente qualité ; c'est donc celle qu'il faut préférer. Beaucoup de ménagères estiment les poules à plumage foncé plus que les autres ; mais on ne peut rien affirmer de certain à ce sujet. Celles qui aiment trop à courir, qui sont toujours perdues, doivent être éliminées : elles pondent peu et perdent leurs œufs ; celles qui ont plus de cinq ans ne pondent plus guère ; il ne faut les conserver qu'à titre de couveuses. Les mauvaises couveuses peuvent être amenées à rester sur les œufs en les plumant un peu sous le ventre et en frottant la partie mise à nu avec des orties. Celles qui, au contraire, gloussent toujours, peuvent être guéries, soit en leur faisant prendre un bain forcé d'eau froide, soit en les enfermant pendant 24 heures à l'obscurité, sous un panier renversé et sans nourriture.

La poule couve de 20 à 22 jours ; on ne doit jamais lui donner plus de douze à quinze œufs, choisis parmi ceux qui sont pondus depuis moins de 20 jours. On peut, au bout de quelques heures, voir si les œufs couvés écloront ; ceux qui sont devenus troubles à la lumière produiront des poussins ; les autres, qui sont demeurés translucides quand on les regarde devant une lampe, doivent être remplacés ; mais il ne faut faire cet essayage que pendant la nuit, et avec précaution, de façon que la couveuse ne s'en aperçoive pas, parce qu'elle quitterait son nid.

Élevage. — A peine éclos, les poussins sortent du nid; on leur donne de la mie de pain trempée dans du lait, ou de la pâte de farine et de pommes de terre. Ils craignent le froid et l'humidité. On les place ordinairement, sous une grande cage d'osier, au soleil, avec leur mère ; la poule ne peut en sortir et les petits ne s'écartent pas.

On fait éclore en *grand* les œufs de la poule au moyen de la *couveuse artificielle.*

Soins. — Les poules sont sujettes à plusieurs maladies. Dès que l'une d'entre elles est triste, on examine le *croupion ;* si l'on y découvre un petit bouton blanc, il faut le percer, le comprimer pour en extraire le pus, et laver la plaie avec un peu de vin chaud.

Si la fiente est trop liquide, par suite d'une nourriture verte trop mouillée, on ne leur donne plus que des graines et des aliments secs ; la mie de pain mouillée de vin sucré est recommandée aussi.

Quand elles ont bu de l'eau malpropre, ou qu'elles ont souffert de la soif, elles ont la *pépie.* On leur ouvre le bec, et avec une épingle, on enlève la petite pellicule jaunâtre ou blanchâtre qui recouvre la langue, et qui les empêche de crier et de boire. On leur introduit ensuite un peu de sel fin dans le bec.

Le dindon. — Le *dindon* et les autres gallinacés domestiques, comme le *faisan,* la *pintade,* etc., sont peu répandus dans notre département : le climat est trop rigoureux et trop variable pour ces oiseaux qui, en outre, exigent beaucoup de soins pour être d'un profit sensible. Cependant, le dindon s'élève assez facilement quand on lui donne à manger de l'oignon haché.

Le canard. — On possède diverses variétés de canards : la meilleure est la race normande, la plus grosse et la plus rustique à la fois. Les *canes* pondent ordinairement du mois de mars au mois de mai ou juin ; leurs œufs sont très recherchés pour la pâtisserie. Pendant la saison de la ponte, elles ne doivent sortir que fort tard dans la matinée, afin qu'elles n'aillent point perdre leurs œufs au loin.

Il vaut mieux faire couver les œufs par une poule que par une cane. Après l'éclosion, on ne laisse sortir les *canetons* qu'au bout d'une dizaine de jours, et on leur donne pendant ce temps une bouillie de lait et de farine d'orge ou de seigle. Ils s'engraissent à dix mois, en les enfermant dans un endroit calme et chaud, sous une cloche d'osier, où on leur donne peu à boire et beaucoup à manger.

L'oie. — Les oies de la grosse espèce sont celles qui rapportent le plus. Il faut les loger à part, parce qu'elles maltraitent volontiers les autres volailles. Elles demandent une bonne litière de paille. Les œufs, au nombre de cinq ou six au plus, sont donnés à couver à une poule. Au bout d'un mois, comme ceux du canard, ils éclosent. Les petits oisons veulent être tenus bien chaudement; on ne les laisse sortir qu'au bout de 8 ou 10 jours, peu à la fois, et par un beau temps. Au bout d'un mois ils sont robustes, et peuvent être mis dehors toute la journée.

L'oie est élevée pour sa *plume* et pour sa *chair*. Elle s'engraisse après qu'on lui a enlevé son duvet à deux ou trois reprises éloignées l'une de l'autre. On procède à son engraissement comme pour le canard, seulement il lui faut de l'eau à discrétion, et quand son appétit commence à baisser, on la *gave*. Elle est grasse au bout de 3 ou 4 semaines. C'est une volaille d'un bon rapport à peu près partout, à cause de son double rendement.

Le pigeonnier ou colombier. — Peut-on conseiller au cultivateur de tenir des pigeons? Ce sont des oiseaux fort maraudeurs, qui vont piller les semailles et les récoltes des voisins, et amènent souvent des querelles. D'autre part, les *pigeonneaux*, près des villes, sont fort estimés. Il faut donc prendre quelques précautions lorsqu'on veut en élever : on peut installer le pigeonnier de manière qu'il communique avec la basse-cour treillagée; on y tient les pigeons pendant les froids et au moment des semailles et des récoltes, en leur donnant la même nourriture qu'aux autres volailles. Avant les semailles et après les récoltes, ils peuvent vivre au dehors sans inconvénient. Leur local doit être tenu propre et demande à être nettoyé souvent.

Le clapier. — Le lapin domestique s'élève au *clapier ;* le lapin de *garenne* est à demi-sauvage et ne demande aucun soin. Le premier veut être mis à l'abri pour l'hiver; il aime à être tenu proprement et nourri, suivant la saison, au sec ou au vert, en passant graduellement de l'un à l'autre. On peut lui donner des tubercules et des racines en toute saison. Les aliments qui lui plaisent le plus sont le persil, les carottes avec leur feuillage et les diverses graminées des prairies.

L'élevage du lapin n'est guère avantageux, si l'on se

propose de le vendre ; on ne l'entretient, le plus souvent, que pour la commodité qu'on y trouve au point de vue alimentaire. Une variété appelée Angora, est quelquefois élevée en grand, pour la production de sa laine assez estimée.

Questionnaire. — La basse-cour est-elle utile et avantageuse ? — Quels sont les animaux qu'on y élève ? — — Comment doit-elle être installée ? — Quelle est la meilleure race de poules ? — Parlez des couveuses ? — Quels soins réclament les poussins ? — Comment soigne-t-on les poules malades ? — Le dindon est-il commun dans notre région ? — Comment s'élève le canard ? — Et l'oie ? — Dites ce que vous savez du pigeon et du lapin.

Devoirs. — *1º La poule et ses poussins. — Description.*

2º Les revenus et les dépenses de la basse-cour, du pigeonnier et du clapier.

CHAPITRE XII

AUXILIAIRES ET RAVAGEURS

39e Leçon. — LES ABEILLES, LES ANIMAUX ET INSECTES AUXILIAIRES, LES INSECTES NUISIBLES

SOMMAIRE. — 1º Les abeilles. — Essaimage. — Les ruches. — Le rucher. — 2º Animaux et insectes auxiliaires. — 3º Tableau des insectes nuisibles.

1º LES ABEILLES

Les abeilles. — L'élevage des *abeilles* ou *mouches à miel* se nomme l'*apiculture*. Les abeilles habitent les *ruches*. Chaque ruche renferme trois sortes d'abeilles : 1º la *reine*, ou *mère*, qui n'a d'autre fonction que de pondre des œufs, et qui est *unique* dans chaque ruche : 2º les *faux-bourdons* ou *mâles* qu'on ne voit qu'au printemps, et dont le nombre ne dépasse jamais $1/25$ de la population totale; ils n'ont pas d'aiguillon ; 3º les *abeilles neutres* ou *ouvrières*, infécondes, qui *secrètent la cire, fabriquent le miel, donnent leur nourriture aux larves* provenant des œufs pondus par la reine, et *défendent la ruche* contre ses ennemis au moyen de leur aiguillon.

Essaimage. — Lorsque la colonie est trop nombreuse pour le volume de la ruche, une partie, ayant à sa tête une reine, *essaime*, c'est-à-dire va chercher une autre habitation. Il est important de bien surveiller l'essaimage, afin de ne pas laisser perdre la colonie nouvelle : pour cela, au moment où les abeilles *font la barbe*, et sont sur le point de se détacher en grappe de la ruche d'où elles sortent, on a l'habitude de faire un bruit strident, qui paraît gêner leur vol, il vaut mieux envoyer des rayons lumineux à travers l'essaim qui vole, avec un petit miroir ; enfin, on les arrête au besoin, avec un obstacle artificiel, et on les met dans une ruche vide.

Les ruches. — Divers systèmes de ruches sont en usage. Celles qu'on voit le plus communément sont faites en paille, et ont la forme cônique ou cylindrique, ou hémisphérique. On fabrique aujourd'hui des ruches prismatiques de bois, avec des *cadres mobiles* verticaux où les abeilles disposent leurs rayons ; elles sont bien préférables aux autres. Les cadres mobiles permettent, en effet, d'extraire le miel plus facilement, et de sortir les rayons de la ruche sans la retourner. Ils permettent aussi d'aider les abeilles et de leur économiser le travail : on fixe, à cet effet, au pourtour des cadres, des fragments de rayons vides ; la quantité de miel est ainsi beaucoup plus grande, parce que les mouches perdent moins de temps à sécréter la cire. On leur rend même dans ce but les rayons entiers, quand on est outillé pour recueillir le miel sans les briser. On se sert pour cela d'un *appareil à rotation*, qui vide les cellules par la *force centrifuge*.

La récolte du miel doit se faire lorsque les abeilles, à l'automne, trouvent moins de fleurs à butiner. C'est le soir que l'on choisit de préférence pour cette opération. Il faut laisser dans chaque ruche assez de miel pour que les abeilles ne souffrent pas de la faim, et même en donner aux colonies trop pauvres. On peut aussi leur donner avant les froids du sirop de sucre, à raison de 10 kilog. pour 5 à 6 litres d'eau (1).

Le rucher. — Le rucher doit être exposé au levant, dans un endroit bien abrité. Pour l'hiver, on l'enveloppe de

1) Voir l'*Elevage des Abeilles*, par G. de Layens. A. Goin, éditeur, rue des Ecoles, 62, Paris.

paillassons qui ne le ferment pas hermétiquement, afin de ne pas asphyxier les abeilles, mais seulement de les préserver des trop grands froids et surtout de l'humidité.

Les ennemis les plus redoutables du miel sont les *mulots*, qui en sont très friands et pillent les ruches en hiver, et la *fausse-teigne*, petit papillon grisâtre qui y dépose ses œufs pendant la nuit, et dont les larves se nourrissent de cire. D'autres animaux, comme le renard, la fouine et la loutre ravagent aussi les ruchers.

2° ANIMAUX ET INSECTES AUXILIAIRES

Les principaux animaux qui font la chasse aux ennemis de nos récoltes sont les *hérissons*, grands amateurs de souris, de vers, de reptiles ; les *taupes* qui sont exclusivement *insectivores*, mais qui, dans les prairies et les jardins, causent quelques dégâts en soulevant la terre ; les *chauve-souris*, qui ne mangent que des mouches ; le *crapaud*, qui doit être respecté, malgré son aspect repoussant, car il ne se nourrit que de limaces, de mouches, de vers, etc.

Mais ceux qui rendent le plus de services pour la destruction des insectes nuisibles sont les petits oiseaux, comme l'*hirondelle*, le *martinet*, la *mésange*, la *fauvette*, le *roitelet*, le *pinson*, le *pivert*. Les *hiboux* et les *chouettes* font une guerre terrible aux souris, aux mulots, etc.

Enfin, les insectes nuisibles trouvent des ennemis même parmi certaines familles d'entre eux. Voici les plus importants de ces auxiliaires, qu'il faut connaître, pour ne pas les détruire :

Les *ichneumons*. Ce sont des mouches de diverses grosseurs, qui ont l'abdomen allongé, et terminé par une longue *tarière* ; par cette tarière, elles déposent leurs œufs dans le corps des chenilles, qui meurent avant de se transformer en papillons.

Les *carabes*, les uns noirs, les autres verdâtres, quelquefois d'un brillant doré, sont connus sous le nom de *jardinières*. Ils ne mangent que des vers de terre, des limaces, des chenilles et toutes sortes d'insectes.

Les *staphylins* sont noirs ; ils relèvent l'abdomen quand ils craignent un danger. Ils sont fort voraces, et détruisent beaucoup d'insectes.

Les *cicindèles* sont d'un beau vert clair, et volent au soleil dans les endroits où se trouve du sable blanc à découvert. Elles sont aussi voraces que les staphylins.

Les *nécrophores* ou *fossoyeurs* ressemblent un peu aux hannetons, mais sont rayés de noir. Ils enterrent les cadavres des petits animaux et y déposent leurs œufs.

Il faut encore citer les *coccinelles* ou *bêtes à bon Dieu*, bien connues, qui vivent de pucerons, les *lampyres* ou *vers-luisants*, qui tuent les limaces, les chenilles ; les *libellules* ou *demoiselles*, qui se nourrissent de mouches, etc.

Il est bon d'indiquer en outre un insecticide peu actif à la vérité, mais à la portée de tout le monde : c'est la *suie*, qui en même temps est un engrais. D'autre part, le gouvernement autorise la vente des *jus de tabac dénaturés*, dont les effets sont très efficaces contre les insectes nuisibles. Enfin, l'*huile de pétrole* mêlée de plusieurs fois son volume d'eau, et lancée contre les plantes au moyen d'un pulvérisateur spécial, et en petite quantité, est aussi un insecticide actif.

3° Tableau des principaux insectes nuisibles

PLANTES atta- quées	NOMS des INSECTES	MŒURS DES INSECTES	REMÈDES
ENNEMIS DES CÉRÉALES	Charançon ou Calandre	Il ravage les greniers et dépose ses œufs dans les grains de blé. Les larves se nourrissent du grain, sans entamer l'écorce avant leur complet développement.	Remuer souvent le tas de blé. — On recommande aussi le sulfure de carbone.
	Alucite ou Teigne	Papillon crépusculaire, qui dépose ses œufs à la base du grain avant sa maturité.	Battre la récolte le plus tôt possible. — Mêmes moyens que pour le charançon.
	Fausse Teigne	Papillon un peu plus grand que la teigne ; sa chenille réunit dans son cocon plusieurs grains de blé pour s'en nourrir.	Il se combat cómme le charançon.
	Taupin	La larve de cet insecte attaque les jeunes céréales, surtout l'avoine.	Labourer après la récolte: les larves découvertes sont mangées par les oiseaux.
	Zabre bossu	Les larves grimpent jusqu'aux épis, et rongent le grain pendant la nuit.	On le combat comme le taupin
ENNEMI de la Pomme de terre	Doriphora Colorado	Coléoptère qui attaque les feuilles de la pomme de terre ; il est de couleur jaune, rayé de noir, et de la grosseur d'un grain de café.	Couper les feuilles qui portent des insectes et les brûler ensemble.
ENNEMIS des racines fourragères	Atomaire	Attaque les jeunes betteraves, et en ronge les feuilles.	Répandre fréquemment des cendres.
	Altise ou puce de terre	Insecte très petit ; dévore les tiges et les feuilles des raves, navets, rutabagas, choux, colza, etc.	Fumer fortement la terre et répandre des cendres non lessivées.

PLANTES attaquées	NOMS des INSECTES	MŒURS DES INSECTES	REMÈDES
ENNEMIS des plantes fourragères	Eumolpe obscur	La chenille, petite et noire, mange les feuilles de la luzerne.	Répandre de la chaux vive par un temps sec, sur les places envahies.
	Apion	Ses larves attaquent surtout les trèfles porte-graine.	On ne connaît rien d'efficace.
	Piéride du Chou	Papillon blanc très commun. La chenille attaque le chou.	Visiter les feuilles, et détruire les chenilles et les œufs.
ENNEMIS des plantes industrielles	Ver gris	Il attaque les plants du tabac, et coupe la tige au collet.	Détruire les insectes qu'on aperçoit.
	Escargots et Limaces	Attaquent un grand nombre de plantes, et font surtout du tort au tabac. Ils voyagent surtout par les temps humides.	Détruire tous ceux qu'on trouve. Répandre des cendres non lessivées ou de la sciure fine au pied des plantes.
	Courtillière ou taupe-grillon	Attaque un grand nombre de plantes, dans les champs et les jardins. Difficile à détruire.	Verser de l'huile ou du pétrole dans ses trous. Répandre de la chaux vive autour des trous par un temps sec
ENNEMIS de la vigne et des arbres fruitiers	Hanneton et Ver blanc	A l'état parfait, il mange les feuilles de tous les arbres ou arbustes; à l'état de ver blanc, il s'attaque aux racines de toutes sortes.	Détruire tous les vers blancs et tous les hannetons que l'on aperçoit.
	Eumolpe-écrivain	Ronge les feuilles de la vigne en traçant des lignes qui ressemblent à des caractères d'imprimerie.	Brûler les feuilles atteintes.
	Attelabe	Roule les feuilles de la vigne en cornet, pour y déposer ses œufs.	Brûler les feuilles atteintes.

PLANTES attaquées	NOMS des INSECTES	MŒURS DES INSECTES	REMÈDES
ENNEMIS de la vigne et des arbres fruitiers (Suite)	Pyrale	La chenille de ce papillon mange les bourgeons de la vigne, et détruit les jeunes grappes.	Injecter légèrement d'eau bouillante les ceps et les échalas.
	Phylloxera vastatrix	Insecte microscopique, qui suce la sève dans les petites racines de la vigne, et fait périr les ceps. C'est le plus terrible ennemi des vignobles.	Dans les coteaux, injections souterraines de sulfure de carbone ; arrosages avec des dissolutions de sulfocarbonate de potassium. — Dans les plaines, inondations en hiver, pendant 40 jours.

Questionnaire. — Combien y a-t-il de sortes d'abeilles ? — Qu'appelle-t-on l'essaimage ? Parlez des ruches, et dites quelles sont les meilleures. — Comment se récolte le miel ? — Quels sont les ennemis des ruches ? — Enumérez les principaux quadrupèdes ou oiseaux destructeurs d'insectes. — Donnez les noms de quelques insectes auxiliaires. — Nommez aussi quelques insectes nuisibles, et dites comment on les détruit.

Devoir. — *Les usages de la cire et du miel.*

CHAPITRE XIII

COMPTABILITÉ AGRICOLE

40ᵉ LEÇON

SOMMAIRE. — Nécessité d'une comptabilité. — Liste des livres nécessaires. — Livre d'inventaire. — Livre journal. — Livre de magasin. — Livre des animaux — Modèle d'un livre unique.

Nécessité d'une comptabilité. — Tous les commerçants et tous les industriels sont *obligés par la loi* de tenir régulièrement leurs comptes ; aucun, d'ailleurs, sous n'importe quel prétexte, ne se hasarderait à traiter des affaires sans écrire toutes ses opérations ; celui qui négligerait ses comptes ne saurait jamais au juste s'il est en gain ou en perte ; ayant beaucoup d'argent en main, il croirait en gagner beaucoup, et bientôt ce désordre entraînerait la ruine. Les livres *bien tenus*, d'ailleurs, peuvent seuls *faire foi* en justice, dans un procès.

Or, l'agriculteur est à la fois un industriel et un commerçant, puisqu'il *produit*, qu'il *achète* et qu'il *vend*. Cependant, ils sont bien rares, ceux qui se sont décidés à adopter une comptabilité, même rudimentaire. Les avantages qu'on en tire sont pourtant considérables : outre qu'on peut toujours savoir à peu près ce qu'on gagne ou ce qu'on perd, on obtient par là des renseignements précis sur tout le travail fait précédemment ; on aperçoit les résultats obtenus, les fautes commises, les améliorations à faire. Si l'on se trouve en bénéfice, c'est un encouragement puissant à continuer et à perfectionner encore ; si l'on est en perte, on s'en aperçoit à temps, et on s'arrête dans cette voie pour prendre mieux ses mesures.

Il faut donc au cultivateur une comptabilité, quelque simple quelle soit. Il est inutile de songer, dans la petite, et même dans la moyenne exploitation, à introduire une *comptabilité en partie double* : c'est un travail trop compliqué, qui demande presque toujours des hommes spéciaux ; mais on peut tenir soi-même, et apprendre à tenir dès l'école primaire, les quelques *livres* ou *registres* nécessaires à toute exploitation bien conduite, petite ou grande.

Liste des livres nécessaires. — Les principaux livres de comptes qui sont *nécessaires* au cultivateur, sont le *livre d'inventaire* et le *livre journal*. Outre ces deux registres indispensables, il est bon d'avoir un *livre de caisse*, pour les comptes d'argent ; un *livre de magasin*, pour y porter le poids de toute portion de récolte qui entre ou qui sort ; le *livre des journaliers*, où sont les comptes de chaque ouvrier employé ; le *livre du bétail*, pour les acquisitions, les ventes, les naissances de bestiaux, etc. La ménagère peut aussi tenir des livres analogues pour ce qui concerne plus particulièrement son travail : un *livre de basse-cour*, un *livre du potager*, etc.

Livre d'inventaire. — Il est destiné à l'évaluation résumée de tout ce qu'on possède. On fait un inventaire tous les ans, au 31 décembre. La comparaison des inventaires fait connaître les progrès accomplis.

Modèle du livre d'inventaire

Inventaire du 31 décembre 189

quantités	AVOIR	VALEUR		TOTAUX	
		F.	C.	F.	C.
	1o LA FERME et les CAPITAUX				
1	Maison de ferme avec aisances et dépendances y compris le mobilier	12.800	» »		
	Champs, prairies, vignes, bois y attenant, d'une contenance totale de 33 hect. 60 ares	30.000	» »		
	Capital de réserve, compte ouvert chez Me H., notaire	5.000	» »		
2	Livrets de caisse d'épargne, le mien et celui de ma femme	1.723	25		
	Total	49.523	25	49.523	25
	2o MATÉRIEL				
2	Charrues	100	» »		
1	Herse articulée, estimée	50	» »		
1	Rouleau Dombasle à disques de fonte, estimé	200	» »		
5	Bêches à 2 fr. 40 l'une	12	» »		
5	Houes à main à 3 fr. l'une	15	» »		
1	Semoir brouette	220	» »		
1	Machine à battre	300	» »		
	Etc Total	897	» »	897	» »
	3o ANIMAUX				
2	Bœufs de travail	1.100	» »		
1	Cheval estimé	350	» »		
12	Vaches laitières	4.080	» »		
2	Porcs à l'engrais	210	» »		
22	Moutons ou brebis à 21 fr. l'un	462	» »		
	Etc. Total	6.212	» »	6.212	» »
	4o DENRÉES EN MAGASIN				
18	Hl. de froment à 24 fr.	342	» »		
16	Hl. d'avoine à 10 fr.	160	» »		
420	Quintaux de fourrages secs à 4 fr.	1.680	» »		
120	Kg. de fromages à 1 fr. 20	144	» »		
23	Hl. de vin à 31 fr.	714	» »		
	Etc., etc. Total	3.220	» »	3.220	» »
				59.852	25

Livre-journal. — Ce livre, le plus important de tous, reçoit jour par jour, la note de toutes les opérations, afin de pouvoir *les reporter sur les autres livres.*

Modèle du Livre-Journal

DATES		OPÉRATIONS	PRIX	
189 .			F.	C.
Mai	12	Payé à Henry, forgeron, (8 fers à bœufs)	4	60
		Vendu à Robert de X. 5 Hl. de froment à 19 f	95	
id	13	Payé à Garnier une journée de travail	1	80
		Donné aux bestiaux 6 kil. de son		
		— 12 kil. de betteraves.		
		— 77 kil. de foin.		
id	14	1 mouton mort de la clavelée	21	
		Acheté une houe à cheval	55	
		Vendu un porc au boucher	105	
id	15	Conduit 6 tonneaux de purin sur les rutabagas	6	
		Donné un binage au 3e champ de pommes de terre	8	
		La Brunette a vêlé. — Le veau a bonne mine	20	
		Etc.		

Les comptes ci-dessus sont reportés sur les autres livres de la manière suivante :

Modèle du Livre de Caisse

(Pour l'argent qui sort et qui rentre)

DATES		OPÉRATIONS	RECETTES		Dépenses	
189 .			F.	C.	F.	C.
Mai	12	Payé à Henry, forgeron (8 fers à bœufs)			4	60
		Vendu à Robert 5 Hl. de froment	120			
	13	Payé à Garnier 1 journée de travail			1	80
	14	Acheté une houe à cheval			55	
		Vendu 1 porc au boucher	105			
		Etc.				

COMPTABILITÉ AGRICOLE 171

Modèle du Livre de magasin

DATES		PRODUITS	FOIN		BETTERAVES		FROMENT		AVOINE		POMMES DE TERRE		FROMAGES	
			Entrée kil.	Sort. kil.	E kil.	S kil.	E hl.	S hl.	E hl.	S hl.	E hl.	S hl.	E kil.	S kil.
189. Mai	12	Quantités d'après inventaire	12000		20000		18		16		56		120	
	13	Froment vendu à Robert						5						
		Foin donné aux bestiaux id.		77										
		Betteraves id.				12								
		Etc.												

Modèle du livre des animaux

DATES		OPÉRATIONS	RECETTES		DÉPENSES	
			F.	C.	F.	C.
189.. Mai	14	1 mouton mort de la clavelée			21	
	15	Vendu 1 porc au boucher	105			
		Le veau de la Brunette	20			

On peut encore simplifier cette comptabilité, si l'on trouve trop grand le nombre de ces livres, et se contenter du registre d'inventaire, toujours absolument nécessaire, et d'un livre-journal tenu de la manière suivante :

Modèle d'un livre journal unique

DATES		OPÉRATIONS	RECETTES	DÉPENSES		MAG ASIN	
						ENTRÉE	SORTIE
189.							
Mai	12	Payé à Henry, forgeron, 8 fers à bœuf		4	60		
		Vendu à Robert 5 Hl. froment, à 24 fr.	120				From. 5h
	13	Payé à Garnier 1 journée de travail		1	80		
		Donné aux bestiaux					Son 6 k
		Id.					Bett. 12k
		Id.					Foin 77kl
	14	1 mouton mort de la clavelée		21			
		Acheté une houe à cheval		55			
		Vendu 1 porc au boucher	105				
	15	Conduit 6 tonneaux purin sur les rutabagas		6			
		Un binage au 3e champ de pommes de terre		8			
		La Brunetie a vêlé. — Le veau a bonne mine	20				
		Etc.					

FIN

TABLE DES MATIÈRES

Pages

CHAPITRE Ier. — NOTIONS ÉCONOMIQUES.

1re Leçon. — Le but et les débouchés. — Capital de roulement et fonds de réserve. — Les associations et les syndicats agricoles. — Les comices agricoles. — Les assurances 3

2e Leçon. — Les bâtiments. — Le logement. — L'ordre. — La nourriture et les boissons 7

3e Leçon. — *Les instruments agricoles*............. 11

4e Leçon. — *Les instruments agricoles* (suite)........ 13

CHAPITRE II. — LES ANIMAUX DE LA FERME

5e Leçon. — *La race bovine.* — L'étable............ 21

6e Leçon. — *La race bovine* (suite). — Races principales.. 25

7e Leçon. — *La race bovine* (suite). — De la nourriture 29

8e Leçon. — *La race bovine* (suite et fin). — Nécessité de l'élevage. — Procédés et soins hygiéniques...... 33

9e Leçon. — *Le cheval*............................ 36

10e Leçon. — *Le mouton et la chèvre* 40

11e Leçon. — § I. — *Le porc* 43
    § II. — Les maladies des bestiaux et le vétérinaire... 44

CHAPITRE III. — LE LAIT, LE BEURRE ET LE FROMAGE

12e Leçon. — *Le lait et le beurre* 46

13e Leçon. — *Le fromage*........................ 50

CHAPITRE IV. — LA TERRE. — LA NUTRITION DES PLANTES. — LES ENGRAIS ET LES AMENDEMENTS.

14e Leçon. — *La terre et les plantes*,.............. 56

15e Leçon. — *Les engrais* 60

16e Leçon. — *Les engrais* (suite). — Engrais mixtes : les fumiers. — Les composts 64

17e Leçon. — *Les engrais minéraux*.............. 68

Pages.

18ᵉ Leçon. — *Les engrais minéraux* (suite et fin)... 73

19ᵉ Leçon. — *Les amendements.*................. 78

CHAPITRE V. — LES ASSOLEMENTS.

20ᵉ Leçon. — *Nécessité des assolements*........... 81

CHAPITRE VI. — PRÉPARATION GÉNÉRALE DU SOL.

21ᵉ Leçon. — Les labours. — Les défoncements — Les défrichements. — Le drainage................. 84

CHAPITRE VII. — CULTURE DES PLANTES.

22ᵉ Leçon. — *Les céréales, le blé*................ 88

23ᵉ Leçon. — *Les céréales* (suite et fin)............. 95

24ᵉ Leçon. — *Les tubercules.* — La pomme de terre. — Le topinambour........................ 99

25ᵉ Leçon. — *Les racines.* — 1° La betterave. — 2° La carotte. — 3° Le panais. — 4° La rave et le navet. — 5° Le rutabaga...................... 105

26ᵉ Leçon. — *Légumineuses alimentaires.* — Le haricot. — 2° Le pois. — 3° Fèves. — 4°Lentilles. — Engrais des légumineuses.................. 110

27ᵉ Leçon. — *Légumineuses fourragères et prairies artificielles.* — La luzerne.................. 112

28ᵉ Leçon. — *Légumineuses fourragères et prairies artificielles* (suite et fin). — Le trèfle. — Le trèfle incarnat. — Le sainfoin. — Les vesces. — Les graminées. — Le ray-grass. — Autres plantes fourragères 115

29ᵉ Leçon. — *Les prairies naturelles*............. 119

30ᵉ Leçon. — *Plantes industrielles.* — 1° Plantes textiles : le lin, le chanvre. — 2° Plantes oléagineuses : l'œillette, le colza, la navette................. 125

31ᵉ Leçon. — *Plantes industrielles* (suite et fin). — 1° Le houblon. — 2° Le tabac................ 128

32ᵉ Leçon. — *La vigne*...................... 132

33ᵉ Leçon. — *La vigne* (suite et fin). 135

Pages

CHAPITRE VIII. — JARDIN POTAGER.

34e Leçon. — *Le jardin potager* 138
35e Leçon. — *Le jardin potager* (suite et fin) 143

CHAPITRE IX. — LE VERGER

36e Leçon. — *Les arbres fruitiers* 148

CHAPITRE X

37e Leçon. — *Les fleurs* 154

CHAPITRE XI. — LA BASSE-COUR

38e Leçon. — La poule. — Le dindon. — Le canard. —
— L'oie. — Le pigeon. — Le lapin 157

CHAPITRE XII. — AUXILIAIRES ET RAVAGEURS

39e Leçon. — Les abeilles. — Animaux et insectes auxiliaires. — Tableau des insectes nuisibles 161

CHAPITRE XIII. — COMPTABILITÉ AGRICOLE

40e Leçon. — *Les livres de comptabilité* 167

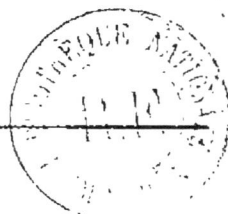

Remiremont. — Librairie Houillon

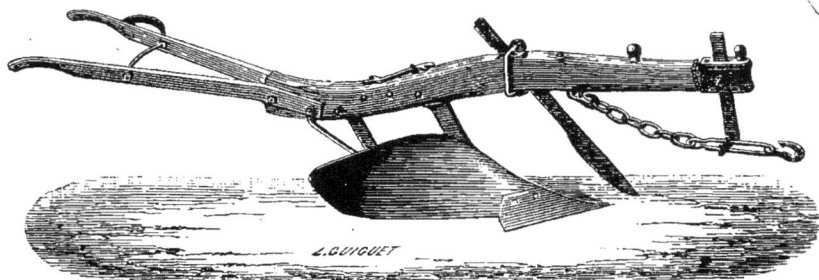

GÉOGRAPHIE-ATLAS

DU

DÉPARTEMENT DES VOSGES

PAR

M. PIERRE

PRIX . . . . 0 fr. 75 c.

OUVRAGE RENFERMANT 18 CARTES

Dont trois en plusieurs couleurs : la Carte de la Chaîne des Vosges, la Carte Géologique et la grande Carte d'ensemble ; cette dernière en 4 couleurs.

www.ingramcontent.com/pod-product-compliance
Lightning Source LLC
Chambersburg PA
CBHW072356200326
41519CB00015B/3781